Windkanäle

Der Orkan in der Röhre

Bernd-Rüdiger Ahlbrecht,
Hans-Dieter Tack, Ulrich Unger und Jessika Wichner

Windkanäle

Der Orkan in der Röhre

Die Geschichte der deutschen Versuchsanlagen
vom 19. Jahrhundert bis heute

SUTTON

Lichtbogenbeheizter Windkanal L3K des DLR in Köln.

Vorsatz: Modell eines Schnellzuges der Deutschen Reichsbahn in einem Windkanal der AVA (um 1920).
Seite 2: Propelleruntersuchungen im Luftschraubenwindkanal (Kanal IV) der AVA (1925).
Nachsatz: Das DLR in Köln.

Impressum

Sutton Verlag GmbH
Arnstädter Straße 8
99096 Erfurt
www.suttonverlag.de

ISBN: 978-3-96303-340-7
Druck: Florjančič Tisk d.o.o. / Slowenien
Gestaltung und Herstellung: Sutton Verlag
Lektorat: Michael Raffel, Tübingen

In diesem Buch wird aus Gründen der besseren Lesbarkeit das generische Maskulinum verwendet. Weibliche und anderweitige Geschlechteridentitäten werden dabei ausdrücklich mitgemeint, soweit es für die Aussage erforderlich ist.

Inhalt

Vorwort

Weitgehend in der Öffentlichkeit unbekannt, oft in sensiblen Sicherheitsbereichen verborgen, begrifflich schwer zu fassen – die Windkanäle. Und derjenige, der sie zu Gesicht bekommt, sieht diese technischen Anlagen als etwas Geheimnisumwittertes an. Und doch hat ihr Einsatz in der Forschung vielfältige Auswirkungen auf unser aller Leben, letztendlich für den schonenden und ökonomischen Umgang mit unseren Ressourcen und für die Sicherheit technischer Erzeugnisse. Die Umschreibung, dass hierbei ein „Orkan in der Röhre" wirkt, weist schon darauf hin, dass dieser gezähmt ist und im Gegensatz zu seinem natürlichen Bruder keine Schäden verursacht, sondern einer sinnvollen wissenschaftlichen Nutzung dient.

Windkanäle gehören weltweit zu den größten Forschungswerkzeugen. Sie kommen zum Einsatz, um Verkehrsmittel aller Art, Bauwerke unterschiedlichster Zweckbestimmung bis hin zum Menschen selbst, sofern er sich technischer oder sportlicher Mittel bedient, zu untersuchen. Es werden dabei das Strömungs- und Widerstandsverhalten der Studienobjekte genauso wie ihre Widerstandskraft gegen Wetterereignisse in Grenzbereichen ermittelt. Allein daraus ist ersichtlich, dass dies zukünftig wohl in noch viel stärkerem Maße als bereits heute notwendig werden wird. Von erheblicher Bedeutung sind die Untersuchungen von Verkehrsmitteln auf ihr Verhalten im Luftstrom. Je strömungsgünstiger diese gestaltet sind, umso verbrauchsärmer sind sie bezüglich ihrer aufzuwendenden Antriebsenergie. Auch dies ist also eine brennende gegenwärtige und zukünftige Aufgabenstellung.

Im Mittelpunkt der vorliegenden Betrachtung stehen die Windkanäle der Luftfahrtforschung in Deutschland. Ihre unbestrittene Bedeutung steht im Gegensatz zu ihrer Widerspiegelung in den Medien aller Art. Ziel der Betrachtung soll es daher auch sein, sie nach Möglichkeit aus ihrem Dornröschendasein etwas mehr in den Blickpunkt der Öffentlichkeit zu rücken und aus historischer Sicht zu verdeutlichen, dass mit ihrer Hilfe enorme technische und technologische Entwicklungen erreicht werden konnten, wenn auch nicht immer zum Segen der Menschheit. Licht und Schatten lagen und liegen auch hier eng beieinander.

Ihre Existenz weltweit rein zahlenmäßig zu erfassen, ist wohl kaum exakt möglich. Ihre Zahl unterliegt Schwankungen auf Grund von Modernisierungen oder durch die Schaffung neuer Kapazitäten, geht aber mit Sicherheit in einen soliden vierstelligen Bereich. Sicher jedoch ist, dass sie kein Relikt der Vergangenheit sind, sondern auch zukünftig unverzichtbar für jedwede solide wissenschaftliche Strömungsforschung sein werden. Ihr Einsatz in Forschungseinrichtungen, in der Industrie und an Lehreinrichtungen dient zwar unterschiedlichen Zwecken, ist aber stets ausgerichtet auf die bereits skizzierten Zielstellungen.

Auf Grund des begrenzten Umfangs der vorliegenden Publikation haben die Autoren eine Eingrenzung der Verwendung von Windkanälen nahezu ausschließlich auf den Bereich der aerodynamischen Forschung vorgenommen und sich dabei vorwiegend auf einen Zeitraum bis in die 1950er-Jahre konzentriert. Zu diesem Zeitpunkt war das Entwicklungsniveau der Grundbauformen der Windkanäle im Wesentlichen ausgereift, der Vorstoß in neue Dimensionen konnte nur noch durch Leistungssteigerungen und fortwährende Modernisierungen erfolgen. Die Möglichkeiten ihrer Anwendung aber werden vielfältiger wie auch ihre Einsatzmöglichkeiten in den unterschiedlichsten Forschungsfeldern.

Es würde die Autoren freuen, wenn sie mit diesem Buch das Interesse beim Leser dafür geweckt haben, sich noch eingehender mit dieser Materie zu befassen.

1.

Der Windkanal in der Luftfahrtforschung

Windkanäle sind eines der ältesten und wichtigsten Mittel für eine praxisnahe Untersuchung von Fahrzeugen aller Art und darüber hinaus für weitere unterschiedliche Anwendungsbereiche. Die Luftfahrt nimmt dabei bereits nahezu von Anfang an einen herausragenden Platz ein. Weitere Versuchseinrichtungen für die Luftfahrt sind solche zur Prüfung der Festigkeit von Flugzeugkomponenten, Triebwerksprüfstände sowie Anlagen für Material- und Betriebsstoffuntersuchungen bzw. für die Prüfung von Ausrüstungen. Besonders nach dem Zweiten Weltkrieg sind im Verlauf der Einführung funkelektronischer Mittel und im Zuge der Digitalisierung weitere Versuchseinrichtungen hinzugekommen, die sich schwerpunktmäßig z. B. den Fachgebieten Flugkommunikation, Flugsicherheit und dem Einsatz fliegender Versuchsträger widmen.

Die Beschränkung der vorliegenden Publikation auf den Anlagentyp „Windkanal" ergibt sich vornehmlich aus dessen herausragender und bis heute andauernden Rolle bei der Entwicklung von Luftfahrzeugen aller Art und Verwendung. Allein die Geschichte seiner Entwicklung und seines Einsatzes reicht bis in vergangene Jahrhunderte zurück. Untersuchungen zum aerodynamischen Verhalten von Körpern beginnen relativ früh in der Geschichte. So befasste sich bereits Leonardo da Vinci im 15. und 16. Jahrhundert mit grundlegenden theoretischen Fragen der Aerodynamik. Für ihn wie z. B. später auch für Otto Lilienthal war der Vogelflug Grundlage seiner Betrachtungen.

Zur Abbildung auf der nächsten Seite gibt es eine kleine Anekdote: Der Versuch mit dem Vogelkörper im Windkanal ist auf einen Auftrag von Gustav Lilienthal (der Bruder von Otto Lilienthal) an den Aerodynamiker Ludwig Prandtl in Göttingen zurückzuführen. Er bat 1914 darum, eine Dreikomponentenmessung an einer echten, wenn auch toten Taube durchzuführen. Da seitens Lilienthals genaue Vorstellungen vorhanden waren, wie dieser Versuch geschehen sollte, schoss er die Taube selbst, präparierte sie und fixierte dabei die Flügel in dem von ihm gewünschten Anstellwinkel. Somit musste Prandtl den Vogelkörper nur wie vorgesehen im Windkanal an der Waage befestigen.

Nicht nur Fragen des Auftriebs konnte da Vinci in Grundzügen einer ersten Klärung zuführen, sondern er erkannte auch, dass die Form eines Körpers, gleich ob in der Luft oder in einer Flüssigkeit, unmittelbar den Widerstand beeinflusste. Dies ungeachtet dessen, ob sich der Körper selbst oder die Luft bzw. die Flüssigkeit bewegt. Diese Erkenntnis war eine der grundlegenden Voraussetzungen für die Schaffung von Windkanälen. Allerdings gingen aufgrund der Tatsache, dass er keine Aufzeichnungen (außer seinen Zeichnungen) hinterließ und auch keine dieser Maschinen fertigte oder Versuche durchführte, seine Erkenntnisse für viele Jahre verloren. Für da Vinci stand wohl der Künstler im Vordergrund. Die Untersuchung von Körpern unterschiedlicher Art auf ihr Strömungsverhalten wurde

Das Studium des Vogelfluges im Windkanal – ausgestopftes Exemplar einer Taube an einer Drei-Komponentenwaage des ersten Windkanals der MVA (1914)

Modell des Luftschiffes SL 2, befestigt an einem Sperrholzträger des Schiffskörpers (um 1912).

Edme Mariotte (um 1620–1684).

Jean-Baptiste le Rond d´Alembert (1717–1783).

Johann Heinrich Schütte (1873–1940).

Nachbau des Windkanals der Gebrüder Wright auf der Internationalen Luftfahrtausstellung ILA.

erst ca. 200 Jahre später auf eine breitere wissenschaftliche Basis gestellt. Zu den Ersten zählten Edme Mariotte in der zweiten Hälfte des 17. Jahrhunderts und Benjamin Robins um 1740, die beide Rundlaufgeräte einsetzten, um Strömungskörper auf ihr Widerstandsverhalten hin zu untersuchen. Der Antrieb dieser Geräte erfolgte durch ein umlaufendes Gewicht, ähnlich wie später von Lilienthal verwendet.

Jean-Baptiste le Rond (d'Alembert) führte ebenfalls Mitte des 18. Jahrhunderts Strömungsversuche mit Modellen durch, die in Wasserbassins geschleppt wurden. Hierbei wurde der zu untersuchende Körper in stehendem Wasser gezogen und die Widerstandskraft gemessen, sodass Rückschlüsse auf eine strömungsgünstige Formgebung gezogen werden konnten.

Dass das Verhalten von Körpern in strömenden Flüssigkeiten zu ihrem Verhalten in Gasen bzw. der Luft nahezu adäquat umsetzbar ist, erwies sich in der Forschung über 100 Jahre später sehr eindrucksvoll in der Praxis. Der Oldenburger Johann Heinrich Schütte hatte sich bereits früh im Rahmen seiner beruflichen Orientierung der Hydrodynamik zugewandt.

Als Angestellter des Norddeutschen Lloyd und Leiter der Schleppmodellversuchsstation Bremerhaven und später als Professor für Schiffbautechnik an der TH Danzig machte er sich mit der Optimierung von Schiffskörpern einen Namen. Nicht zuletzt infolge privater Sachzwänge wandte er sich ab 1909 der Luftfahrt zu und entwickelte aufgrund seiner bisherigen Arbeitsergebnisse aerodynamisch optimal gestaltete Luftschiffkörper (Bauart Schütte-Lanz), die in Einheit mit anderen konstruktiven Details denen von Zeppelin überlegen waren. Sein SL 2 von 1914 gilt bis heute als richtungweisend.

Die Notwendigkeit aerodynamischer Untersuchungen wurde immer drängender, weil in der zweiten Hälfte des 19. Jahrhunderts grundlegende Fragen der technischen Entwicklungen ihrer Lösung harrten und mit der Dampfmaschine eine neue technische Revolution ihren Anfang nahm. Von Bedeutung waren hierbei die Erkenntnisse von Sir George Cayley, der nach umfangreichen Forschungen zu dem Ergebnis kam, dass das Fliegen mit Muskelkraft in realer Umsetzung des Vogelfluges nicht machbar ist. Er gelangte aber zu der Erkenntnis, dass der Gleitflug, auch wenn er dies nicht mit einem Menschen „an Bord" im freien Flug in die Praxis umsetzte, mittels Gleitern erfolgreich durchführbar ist. Grundlegende Erkenntnisse dafür fußten ebenfalls auf Versuchen mit einem Umlaufgerät. Einen Schritt weiter ging der britische Schiffsingenieur Francis Herbert Wenham, der im Jahr 1871 zusammen mit John Brown

Charles Renard, Offizier und Luftschiffkonstrukteur, ab 1879 Kommandant der Aérostation Militaire Chalais-Meudon bei Paris.

Nikolai Jegorowitsch Schukowski, Vater der russischen Luftfahrt.

Otto Lilienthal (1848–1896).

(beide waren Mitglied der Aeronautical Society) den aus heutiger Sicht weltweit ersten brauchbaren Windkanal schuf und mit ihm experimentierte. Der Windkanal sollte sich in der aerodynamischen Forschung durchsetzen, da die Ergebnisse weitaus realitätsnäher als z. B. mit Umlaufapparaten waren. Der Brownsche Windkanal besaß einen Messquerschnitt von 26 x 26 cm und eine Windgeschwindigkeit von 18 m/s, erzeugt von einem Fan, angetrieben durch einen Dampfmotor.

Ab diesem Zeitpunkt setzte eine als rasant zu bezeichnende Entwicklung auf dem Gebiet der aerodynamischen Forschung ein, wenn auch anfänglich noch recht unkoordiniert und mit relativ primitiven Mitteln, und – das war das Gravierende – die wissenschaftlichen Grundlagen waren dafür noch nicht vorhanden. Anfang der 1880er-Jahre erbaute ein weiterer Engländer, Horatio Phillips, einen Windkanal, der eine rechteckige Messkammer von 25 x 43 cm besaß und eine Luftstromgeschwindigkeit von ebenfalls 18 m/s aufwies. Das Antriebsprinzip blieb gleich. Es ist auffallend, dass in den Folgejahren die Daten weiterer Kanäle annähernd gleich blieben; was sich allerdings änderte, war das Antriebsprinzip. Aufgrund der fortschreitenden Entwicklung der Antriebsmaschinen griffen die Entwickler recht schnell auf den Gasmotor (Ludwig Mach, Österreich 1893) bzw. den Elektromotor zu. Mach war es auch, der erstmalig die Fotografie nutzte, um das Strömungsverhalten zu dokumentieren. Um dies zu ermöglichen, verwendete er Seidenfäden und Zigarettenrauch (!). Der Erste, der einen Elektromotor (Leistung 2 PS) als Antrieb einsetzte, war der Däne Poul la Cour aus Skjärso, der mittels seines Kanals (0,5 x 1,0 m und 10 m/s) Windmühlen untersuchte. Im Einsatz der Kanäle spiegelte sich auch der Wettstreit der beiden unterschiedlichen Konzepte bei der Konstruktion von Luftfahrzeugen, einerseits das Luftschiff, andererseits das Flugzeug, wider. Während der Untersuchungsgegenstand von Wenham bereits Tragflächen für Flugzeuge waren, forschten sowohl Charles Renard, der Konstrukteur des Luftschiffes „La France“ und Chef der militärischen Forschungsanstalt Chalais-Meudon, wie auch der Italiener Gaetano Arturo Crocco von der „Brigata Specialisti“ des 3. italienischen Engineer Corps um die Jahrhundertwende an Luftschiffkörpern.

Für den Deutschen Ludwig Prandtl waren diese anfangs ebenfalls ein Untersuchungsgegenstand. Nach der Jahrhundertwende konzentrierte sich die aerodynamische Forschung zunehmend auf das Flächenflugzeug und seine Komponenten (Propeller, Flächenprofile, Flugzeugteile). Schrittmacher hierbei waren neben den bereits Genannten u. a. der Engländer Thomas Stanton, die Franzosen Auguste Rateau und Gustave Eiffel sowie die Amerikaner Albert F. Zahm und die Brüder Orville und Wilbur Wright.

Allzu oft unterschätzt und zu wenig publiziert wurde und wird über die aerodynamischen Forschungen in Russland im

Die Brüder Orville (li.) und Wilbur Wright (re.) in Ft. Myer, VA (1909).

ausgehenden 19. und beginnenden 20. Jahrhundert. Hier wurde zeitgleich – auch im Ausland beachtet – eine umfassende wissenschaftliche Arbeit geleistet, die frühzeitig die Schaffung der dafür notwendigen Gerätestrukturen einschloss. Im gleichen Jahr wie Wenham schuf W. A. Paschkewitsch 1871 an der St. Petersburger Artillerieakademie den ersten russischen Windkanal. Dieser fand Verwendung für ballistische Untersuchungen von Geschossen. Ihm folgten in den Jahren bis 1915 weitere insgesamt 18 Windkanäle an russischen Forschungsinstituten. Namhafte, international renommierte Wissenschaftler bereicherten die aerodynamische Szene. Neben Paschkewitsch waren dies D. P. Rjabuschinski, K. E. Ziolkowski, N. J. Schukowski und K. P. Boklewski.

Zumindest die Arbeiten von Wenham und Browning sowie von Phillips, auf die auch der amerikanische Luftfahrtpionier Octave Chanute zurückgriff, waren offensichtlich nur wenig später auch den Brüdern Orville und Wilbur Wright zugänglich. Als sich aus den ersten noch unsicheren Schritten echte Experimente entwickelten, erlangte die Suche nach theoretischen Erkenntnissen enorm an Bedeutung, um diese in der Praxis erfolgreich umzusetzen. Beim Übergang in die Praxis des Fliegens (am Ende des 19. Jahrhunderts bzw. am Anfang des 20. Jahrhunderts) erarbeiteten die Pioniere der Luftfahrt und Luftfahrtforschung, unter ihnen hervorragend der Franzose Gustave Eiffel und der Deutsche Ludwig Prandtl, in verschiedenen Ländern grundlegende Erkenntnisse zur Aerodynamik des Flugapparates. Sie untersuchten diese sehr praxisnah mit Hilfe von Versuchsanordnungen und -geräten und benutzten für die Vorbereitung ihrer Flugversuche selbst entwickelte und errichtete Windkanäle einfachster Bauart. Die Untersuchungen beschränkten sich vorerst zumeist auf Auftriebs- und Widerstandsmessungen an verschiedenen Tragflügelmodellen. Nicht von ungefähr war der Schritt zum Flug des Menschen sowohl bei Lilienthal mit seinen gesteuerten Gleitflügen als auch bei den Brüdern Wright mit den ersten Motorflügen nur deshalb erfolgreich, weil es ihnen gelang, ihre praktischen Versuche auf der Grundlage der eigenen wissenschaftlichen Forschung zu betreiben. Lilienthal nutzte zwar noch keinen Windkanal, sondern einen sogenannten Rundlaufapparat, aber seine theoretischen Arbeiten fußten auf akribischen aerodynamischen Versuchen, die auch die Wrights als eine der Grundlagen ihrer Arbeit auswerteten.

Letztere entwickelten einen Windkanal, der vor allem durch die Untersuchung der Auftriebswirkung unterschiedlicher Tragflächenprofile der erste Kanal weltweit war, mit dem das sichere und gesteuerte Fliegen in der Praxis bestätigt werden konnte. Windkanäle sind seitdem faktisch in allen Staaten im Einsatz, die sich mit der Primärproduktion von technischen

Industriegütern aller Art bis hin zur Architektur und anderen Anwendungsgebieten befassen. Mit der Errichtung einzelner Groß-Windkanäle bis in die 50er- und 60er-Jahre des 20. Jahrhunderts war faktisch eine Leistungsgrenze für solche Anlagen erreicht und die Entwicklung eines Grundtypus solcher Anlagen abgeschlossen. Die in der Folge realisierten Weiterentwicklungen in der Windkanaltechnologie betrafen nunmehr u. a. die Errichtung von speziellen Windkanälen (z. B. Kryo-(Kälte-) Windkanäle, Akustik- und Klima-Windkanäle) sowie markante Veränderungen in der Windkanal-Messtechnik. Zunehmend ist seitdem der Trend zu Windkanälen für die Hochgeschwindigkeitsforschung bis hin in den mehrfachen Machbereich zu verzeichnen.

Die grundlegende Fragestellung, die mittels Windkanälen für die aerodynamische Forschung zu beantworten ist, ist die nach strömungstechnischen und thermodynamischen Vorgängen in einer Luftströmung. Im Gegensatz zum realen Flug eines Objekts in der Atmosphäre bewegt sich im Windkanal nicht das Flugobjekt, sondern der Luftstrom. Die Luft wird gegen das Untersuchungsobjekt (Modell oder Original je nach Abmessung des Kanals) geblasen, die dabei auftretenden Kräfte, Momente, Temperaturen und Drücke werden mittels geeigneter Messeinrichtungen aufgenommen und danach ausgewertet. Da im realen Freiflug eine sehr gleichmäßige Strömung vorhanden ist, wird im Kanal angestrebt, auch dort solche Verhältnisse zumindest annähernd zu erreichen, um realitätsnahe Messungen zu ermöglichen. An die Güte der Luftströmung (parallel geführt, gleichmäßige Geschwindigkeit, wirbelarm) werden also hohe Forderungen gestellt. Bereits baulich sind daher Vorrichtungen vorzusehen, die dies ermöglichen (z. B. Gleichrichter o. ä.). Windkanäle stellen häufig mit ihren voluminösen Luftführungen, Einhausungen und Funktionsgebäuden markante Bauwerkskomplexe dar, die einen eigenständigen Architekturbereich verkörpern und für die häufig speziell entwickelte Bautechnologien zum Einsatz kommen. Damit einher gingen auch die Entwicklung und der Einsatz modernster Bauverfahren, um den komplizierten aerodynamischen Anforderungen zu entsprechen (z. B. das Betonschalenbauverfahren nach Dischinger in der ersten Hälfte des 20. Jahrhunderts). Nicht zuletzt sind Windkanäle nach wie vor eine der wichtigsten Ausbildungs- und Wirkungsstätten für die angehenden Aerodynamiker an Universitäten und Hochschulen. Diese sind oft nicht nur in der Grundlagenforschung tätig, sondern bereits in angewandte Forschungen der Industrie auftragsgemäß eingebunden und akquirieren somit Mittel für den eigenen Forschungsbereich. Diese Synergieeffekte waren und sind zunehmend unverzichtbar. Die experimentelle Überprüfung sämtlicher Entwicklungsmuster im Windkanal im Modell oder im Original ist auch heute substanziell und dürfte auch in Zukunft computererzeugte Simulationen bei all ihrer Wertigkeit weiterhin ergänzen. Die grundlegenden strömungsmechanischen Forschungsarbeiten in den entwickelten europäischen Ländern zu Beginn des 20. Jahrhunderts und die Forderung nach einer experimentellen Verifizierung der theoretischen Vorhersagen führten fast zeitgleich zur Errichtung von Windkanälen mit einer besseren „Qualität" der Luftströmung („turbulenzarme" Windkanäle) und zum Einsatz leistungsfähiger Messeinrichtungen. Dabei bildeten sich auch die beiden grundlegenden Bauweisen von Windkanälen heraus, einerseits die Bauart mit einer geschlossenen Luftführung (Bauart Prandtl oder Göttingen), andererseits die mit einer offenen Luftführung (Bauart Eiffel oder französisch).

In der Folgezeit wurden diese beiden Grundmuster aerodynamischer Versuchsanlagen zum grundlegenden und bis heute unverzichtbaren Mittel für die Entwicklung und den Bau von Luftfahrzeugen und Flugkörpern. Vor allem die „zweite Generation" von Windkanälen aus der Periode des raschen wissenschaftlich-technischen Fortschritts vom Anfang der 1930er- bis in die 1950/60er-Jahre ist einer besonderen Betrachtung wert. In dieser Periode wurden derartige Anlagen für die Luftfahrtforschung und -entwicklung besonders in denjenigen Ländern dringend benötigt, die in der Luftfahrt historisch bedingt einen technologischen Vorsprung erreicht hatten bzw. diesen anstrebten. An vorderster Stelle stand dabei ab Beginn der 1930er- bis in die 1940er-Jahre hinein Deutschland, zunehmend bedingt durch seine Bestrebungen, im Weltgeschehen politisch und militärisch eine entscheidende Rolle zu spielen. In einer Zeit zunehmender internationaler Spannungen und militärischer Konflikte wurde deshalb die Luftfahrtforschung mehr und mehr für militärische Zwecke eingesetzt. Gleichzeitig wurden hiermit auch bedeutsame Erfindungen und technische Entwicklungen zur Serienreife gebracht, die bis heute von eminenter Bedeutung für die Luft- und Raumfahrt sind. In diesen Zeitraum fallen auch wesentliche Entwicklungen in der Raumfahrt- und Raketentechnik, bei denen der Windkanal ebenfalls als ein grundlegendes Mittel der Forschung eine wesentliche Rolle spielte. Allerdings, und das ist die Kehrseite der Medaille, waren autoritäre Systeme wie Deutschland, Japan und Italien diejenigen Staaten, in denen jede Forschung, auch die Luftfahrtforschung zunehmend auf die Erreichung expansiver Ziele mit militärischen Mitteln ausgerichtet war. Deutschland spielte hierbei aufgrund der politischen Ereignisse nach dem Ersten Weltkrieg eine besondere Rolle. Mit den in dieser Zeit wach-

Ludwig Prandtl (1875–1953).

Gustave Eiffel (1832–1923).

senden technischen Möglichkeiten einher ging die Notwendigkeit einer enormen Steigerung der Leistungsfähigkeit von Windkanalanlagen. Die aerodynamische Forschung stieß selbst in immer neue Geschwindigkeitsbereiche vor, sodass die Konstrukteure im Bereich der Flugzeug- und Raketentechnik in der Regel auf wissenschaftliche Vorleistungen zurückgreifen konnten, zumindest aber schon theoretische Erkenntnisse vorlagen. Die Luftstromgeschwindigkeiten der Windkanäle waren bereits Mitte der 1930er-Jahre bis in den Machbereich vorgestoßen.

Die Einteilung der Leistungsfähigkeit der Anlagen entsprach den neuen Bedingungen:

- Unterschallkanäle bis kleiner Mach 0,7
- Transsonikkanäle Mach 0,7 bis kleiner Mach 1,2
- Überschallkanäle Mach 1,2 bis kleiner Mach 5
- Hyperschallkanäle ab Mach 5

Über ihren Einsatz in der Luftfahrt hinaus sind Windkanäle heute mehr denn je trotz aller digital gewonnenen Erkenntnisse ebenfalls unverzichtbar sowohl bei der Entwicklung von Fahrzeugen aller Art (Kraft- und schienengebundene Fahrzeuge, Schiffe) wie auch bei aerodynamischen Untersuchungen von Gebäuden, Gebäudekomplexen und Ingenieurbauten (Brücken, Türme etc.). Die Luftfahrt war ohne Zweifel der Vorreiter beim Einsatz von Windkanälen. Windkanäle liefern unter Einsatz eines nicht unerheblichen finanziellen und technischen Aufwands die Daten, die in großem Umfang in Konstruktion, Produktion und in den praktischen Einsatz der oben genannten technischen Erzeugnisse einfließen. Nur durch den Einsatz derartiger Anlagen wurde es möglich, im Zusammenspiel mit anderen Voraussetzungen und Entwicklungen den uralten Traum des Menschen zu verwirklichen, zu fliegen und „zu den Sternen zu greifen“.

2.

Die aerodynamische Forschung in Deutschland

Die Aerodynamik als Teil der Strömungslehre (Fluiddynamik) befasst sich mit dem Verhalten von Körpern in Luft oder kompressiblen Gasen. Teil der Strömungslehre ist auch die Hydrodynamik, die sich mit Flüssigkeiten befasst. Der Schritt zum freien und gesteuerten Flug eines Menschen konnte erst durch Otto Lilienthal aufgrund seiner eigenen aerodynamischen Versuche und unter Nutzung der Cayleyschen Erkenntnisse realisiert werden. Lilienthal hatte sich auf

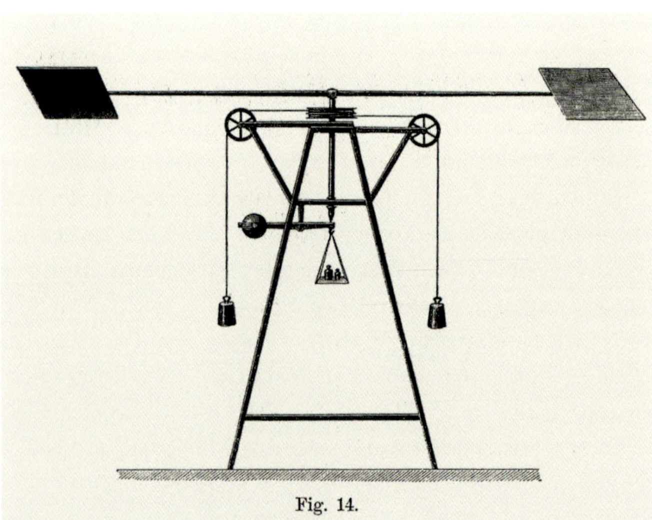

Rundlaufapparat von Otto Lilienthal.

Grundlage einer sehr intensiven theoretischen Arbeit in Einheit mit der schrittweisen Umsetzung der Ergebnisse in die Praxis größte Verdienste für die Luftfahrt erworben. Von herausragender Bedeutung ist seine intensive Grundlagenforschung mittels Versuchsanordnungen und -geräten. Erst dies ermöglichte es, sich schrittweise und optimal an den Bau von Gleitapparaten zu wagen und ebenso schrittweise selbst den Flug des Menschen im Luftmeer zu realisieren. Neben anderen Versuchsanordnungen war wohl der sogenannte Rundlaufapparat eines der Geräte, welches grundlegende Fragen der Strömung, des Auftriebs und des Flächenprofils wie auch der Steuerung modellmäßig zu klären half.

Im Bau seiner Gleitapparate fanden diese Erkenntnisse dann ihren Niederschlag. Interessant ist dieser Rundlaufapparat insofern, da er eine eigenständige Entwicklung war und zu einer von Lilienthals wichtigsten Versuchsanordnungen zählte. Mit ihm konnten die optimalen Werte sowohl des Auftriebs als auch des Widerstands von Flügeln durch entsprechende Veränderungen ihrer Anordnung ermittelt werden. Dies wurde am Gleitflugapparat praktisch umgesetzt und in der Realität des Fliegens erprobt. Der Ingenieur Lilienthal beschrieb die Wirkungsweise in seinem Buch „Der Vogelflug als Grundlage der Fliegekunst" (1889) wie folgt: „Dieser Apparat trug an drehbarer vertikaler Spindel 2 gegenüberstehende leichte Arme mit den 2 Versuchsflächen an den Enden. Die Flächen konnten unter jedem Neigungswinkel eingestellt werden. Die Drehung wurde

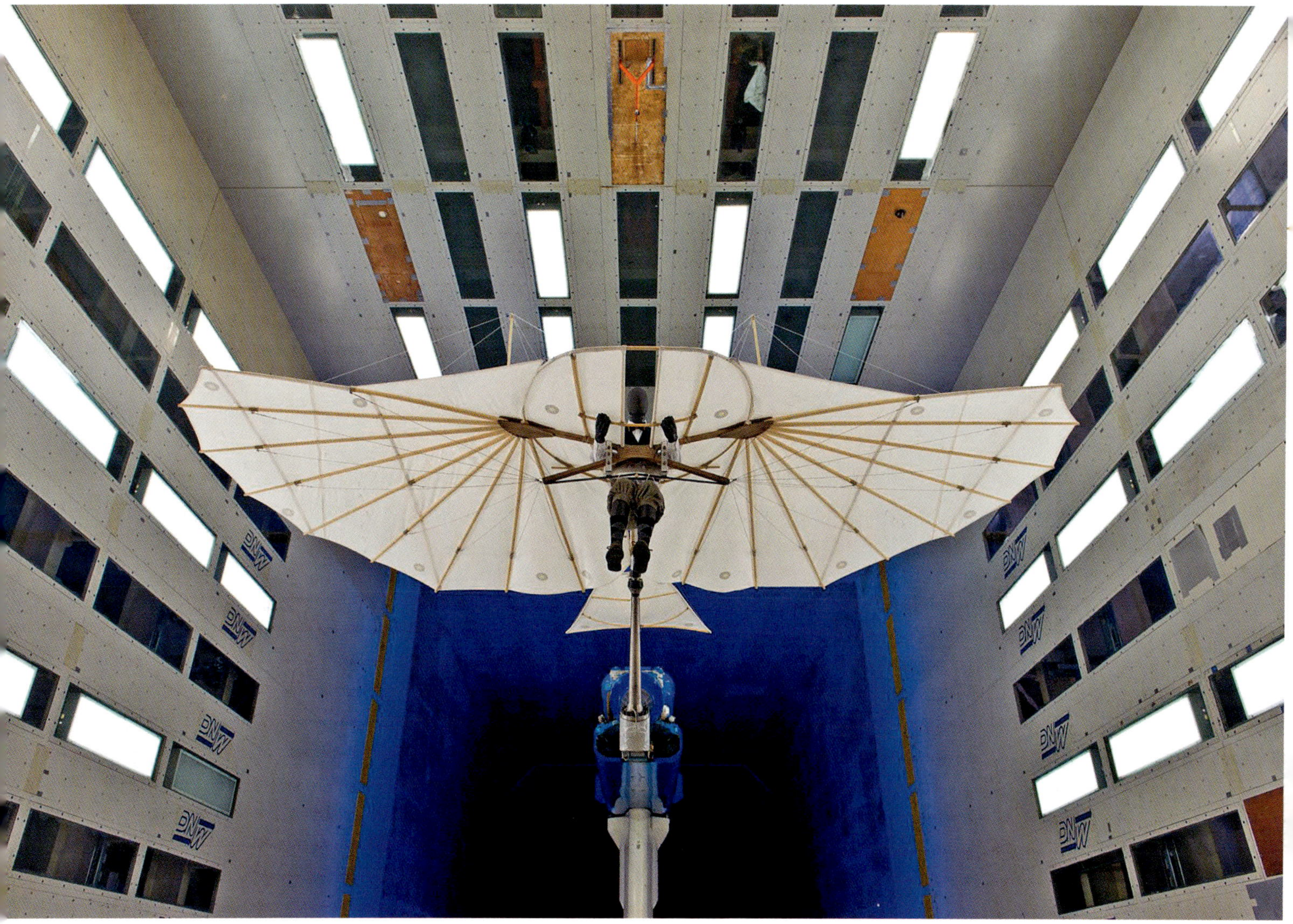

Aerodynamische Vermessung des Nachbaus des Lilienthal-Gleiters im Windkanal LLF von DNW in Marknesse.

hervorgerufen durch 2 Gewichte, deren Schnur von entgegengesetzten Seiten einer auf der Spindel sitzenden Rolle sich abwickelte."

Ludwig Prandtl, der führende deutsche Aerodynamiker, konstatierte Jahre später, dass die Lilienthalsche Versuchsanordnung eine Genauigkeit erreichte, die erst Jahre später in modernen Windkanälen übertroffen werden konnte. Diese Einschätzung konnte im Jahr 2016 eindrucksvoll durch Vermessungen eines Gleiternachbaus in einem der modernsten europäischen Windkanäle, dem deutsch-niederländischen Kanal LLF in Marknesse, bestätigt werden. Das Lilienthal-Museum in Anklam fertigte im Auftrag und mit Unterstützung des Deutschen Zentrums für Luft- und Raumfahrt (DLR) einen Nachbau des Lilienthalschen sogenannten Normal-Segelapparates im Maßstab 1:1 an. Grundlage dafür waren die Originalbauunterlagen wie auch die Originalmaterialien des Gleiters, so wie sie im Jahr 1894 Verwendung gefunden hatten. Die aerodynamische Vermessung des Gleiters in Marknesse bestätigte die hervorragende Güte der Arbeit Lilienthals und der damaligen Bauausführung. Lilienthal wurde eine absolut saubere Aerodynamik bestätigt.

Mit weiteren Nachbauten (einem Normal-Segelapparat und einem Doppeldeckerapparat), ebenfalls durch das Museum in Anklam und mit Unterstützung des DLR gebaut, aber privat finanziert, gelangen dem Hannoveraner Professor Markus Raffel ca. 25 erfolgreiche Flüge in den USA. Sein Fazit: Für die damalige Zeit waren diese Konstruktionen ein Geniestreich; was Lilienthal damals fliegerisch gemacht hat, war tollkühn.

Die Nächsten nach Lilienthal, die sich aerodynamischer Erkenntnisse bedienten, waren die Gebrüder Orville und Wilbur Wright. Sie nutzten anfangs eine primitive Vorrichtung, aufgebaut auf einem Fahrrad und unter Nutzung eines Vorder-

Der Eiffel-Windkanal in Paris-Auteuil (Antriebsseite).

rades, welches waagerecht auf dem Lenker befestigt war. Die Verwendung dieses Transportmittels lag nahe, betrieben sie doch einen Fahrradhandel in Dayton/Ohio. Durch die Fahrt des Fahrrads wurde eine Luftströmung erzeugt, die auf eine Versuchs- und eine Vergleichsfläche traf. Der Anstellwinkel der Letzteren wurde so lange verändert, bis die Felge im Gleichgewicht blieb. Diese ersten noch primitiven Versuche lieferten allerdings nur sehr ungenaue Werte. Der danach zum Einsatz kommende Windkanal, eine Eigenkonstruktion, war im Prinzip eine an beiden Enden offene rechteckige längere Kiste, in die durch ein an einem Ende angebrachtes Gebläse ein Luftstrom geblasen wurde. Der Antrieb erfolgte über einen selbstgebauten kleinen Verbrennungsmotor, der den Gebläsepropeller über einen Riementrieb antrieb. Im Inneren des Kanals waren zwei Waagen angebracht, mit denen nacheinander der Auftrieb und dann das Verhältnis von Auftrieb zum Widerstand verschiedener Tragflächenprofile gemessen wurde. Über eine Glasscheibe im oberen Teil des Gehäuses konnte der Versuch beobachtet werden. Im Jahr 1901 untersuchten die Wrights etwa 200 verschiedene Tragflächenprofile, bevor sie den Bau ihres dritten Gleitapparates begannen. Diese Bauart eines Windkanals war bereits ein Vorgriff auf das später von Gustave Eiffel perfektionierte Prinzip eines Windkanals in „offener Bauweise". Der Windkanal der Gebrüder Wright war der erste, der ausschließlich für Luftfahrtzwecke gebaut und eingesetzt wurde.

In der weiteren zeitlichen Abfolge ragen zwei bedeutende Wissenschaftler hervor, die bei der aerodynamischen Forschung eine zukunftweisende Pionierrolle übernehmen sollten. Das waren der französische Ingenieur Gustave Eiffel, der vor allem durch die Konstruktion des nach ihm benannten Turmes weltweit bekannt wurde. In Deutschland war es der Ingenieur Ludwig Prandtl, der bei seiner Tätigkeit bei MAN erstmals mit Problemen der Strömungstechnik in Berührung kam. Gustave Eiffel begann mit Widerstandsuntersuchungen interessanterweise am Eiffelturm selbst. Er ließ verschieden geformte Platten von der zweiten Plattform des Turmes fallen und vermaß die dabei auftretenden Kräfte mittels eines berußten Messzylinders. Diese noch recht primitive Versuchsanordnung ersetzte er ab 1909 durch einen Windkanal in einem Laborgebäude auf dem Champ de Mars, dem Marsfeld. Dieses Labor zog 1912 nach Auteuil bei Paris, wo es sich noch heute befindet und inklusive des Windkanals besichtigt werden kann. Dieser ist in der nach ihm benannten Bauweise als offener Windkanal ausgeführt.

Diese Bauweise ist recht unkompliziert, auch in der Bauausführung. Im Prinzip handelt es sich um eine an beiden Enden offene Röhre, die mittels eines an einer Seite angebrachten Gebläsepropellers nicht wie bei den Wrights Luft durch die Röhre drückt, sondern Luft ansaugt. Die Versuchsanordnung befindet sich im Mittelteil der Röhre. Der Vorteil dieser Ausführung besteht im relativ einfachen Bauverfahren mit entsprechend niedrigen Kosten. Allerdings ist es erforderlich, dass die Antriebseinheit zur Aufrechterhaltung des Luftstroms während des Messvorgangs ständig die volle Leistung erbringt. Zudem wirken die äußeren atmosphärischen Bedingungen (Luftdruck, Temperatur, Turbulenzen etc.) auch im Windkanal selbst und können zu Messungenauigkeiten führen. Im Prinzip ist diese Ausführung, wenn auch wesentlich größer dimensioniert und modernisiert, die gleiche Ausführung, wie sie bereits bei den Gebrüdern Wright Verwendung fand. Das Labor von Eiffel ist unter der Bezeichnung „Laboratoire Aerodynamique Eiffel" in der 67 Rue Boileau, 75016 Paris zu finden. Anzumerken ist, dass diese Einrichtung noch heute in Betrieb ist und aerodynamische Untersuchungen der verschiedensten Art und Bestimmung durchführt, sowohl für Forschungszwecke als auch für die Industrie. Auch für Schulen hat die Anlage zu Bildungszwecken geöffnet und fühlt sich somit auch der Heranbildung des ingenieurtechnischen Nachwuchses verpflichtet. Die Anlage in Auteuil sowie die in der im Jahr 1907 gegründeten „Modellversuchsanstalt der Motorluft-

Ludwig Prandtl an seinem Wasserversuchskanal an der Königlich Technischen Hochschule Hannover im Jahr 1904.

Aerodynamiker der ersten Stunde vor dem ersten Gebäude der MVA (1907).

Druckmessung an einem Luftschiffkörper.

schiff-Studiengesellschaft" (MVA) in der Hildebrandtstraße in Göttingen können mit Fug und Recht als die ersten aerodynamischen Forschungseinrichtungen bezeichnet werden, die der allgemeinen wissenschaftlichen Arbeit zur Verfügung standen.

Zum Direktor der MVA wurde 1907 Ludwig Prandtl bestellt, der bereits seit 1904 den Lehrstuhl für angewandte Mathematik und Mechanik an der Universität Göttingen inne gehabt hatte und nun mit der Leitung der MVA eine Doppelfunktion bekam. Prandtl hatte bereits 1904 mit einem Wasserkanal experimentiert, mit dem er die Strömung von Flüssigkeiten an Körpern sichtbar machen konnte.

Im Unterschied zu Eiffel wählte Ludwig Prandtl einen anderen Weg bei der Konstruktion seines ersten Windkanals. Die Bauweise unterschied sich von der offenen Variante Eiffels insofern, als dass die Luft nach Verlassen der Röhre nicht in die freie Umgebung geblasen wurde, sondern mittels eines angeschlossenen Kanals wieder an den Anfang des Windkanals zurückgeleitet wurde. Damit war ein geschlossener Luftkreislauf hergestellt, wodurch einige Nachteile der offenen Bauweise vermieden werden konnten. Die geschlossene Bauweise bietet den Vorteil, dass während der Messungen die Antriebsleistung in einem Regime arbeiten kann, durch welches nur die Verluste des Luftstroms, z. B. durch Reibung und Widerstände im Kanal selbst, kompensiert werden müssen. Die Betriebskosten sinken. Auch fehlen atmosphärische Störgrößen, wie sie beim offenen Kanal auftreten. Zudem lassen sich auch andere Gase als Luft einsetzen. Der erste Name der neuen Versuchsanstalt barg nicht von ungefähr den Begriff „Luftschiff" in sich. Dies ist der Tatsache geschuldet, dass Deutschland, nicht zuletzt durch Kaiser Wilhelm II. favorisiert, das Luftschiff als das geeignete Mittel ansah, dem Land zur Weltgeltung zu verhelfen. Eine Zeitlang lief deshalb die Entwicklung des Flächenflugzeuges am Kaiserreich mehr oder weniger vorbei, und dieses Defizit konnte bis Kriegsausbruch 1914 nicht vollständig kompensiert werden. Die ersten Windkanalversuche galten also folgerichtig dem Luftschiffkörper, einem relativ einfachen Strömungskörper. Die Messungen im Windkanal führten dazu, dass die strömungsgünstige Zigarrenform in die Produktion eingeführt wurde. Das führte u. a. zu erheblichen Geschwindigkeitssteigerungen bei relativ unverändert bleibenden Motorleistungen. Dass hierbei die Untersuchungen des Konkurrenten Professor Schütte von erheblicher Bedeutung waren, ist ein interessanter Aspekt, dessen Verfolgung an dieser Stelle aber zu weit gehen würde. Dass aber die Traggerüstkonstruktion der Starrluftschiffe von Zeppelin in Metallbauweise äußerst fruchtbringend in zwei Richtungen war, soll nicht unerwähnt bleiben. Einerseits war die Vermessung des sogenannten Grenzschichtverhaltens am Luftschiffkörper bereits ein Zwischenschritt in Richtung des Auftriebsverhaltens des Profils einer Flugzeugtragfläche, wenn auch wesentlich schwieriger für die Forschung zu handhaben. Andererseits förderte gerade die Gerüstkonstruktion des Luftschiffkörpers den integrativen Ansatz für die Forschung in den Bereichen Aerodynamik und Statik.

Die Statik von Bauwerken aus Aluminium und Stahl unter Berücksichtigung der aerodynamischen Vorgänge wurde ab da ebenfalls Gegenstand der Windkanalforschung. Im Verlauf der Arbeit mit diesem ersten Kanal (später als Windkanal II bezeichnet), dessen Wirkungsgrad doch sehr begrenzt war und

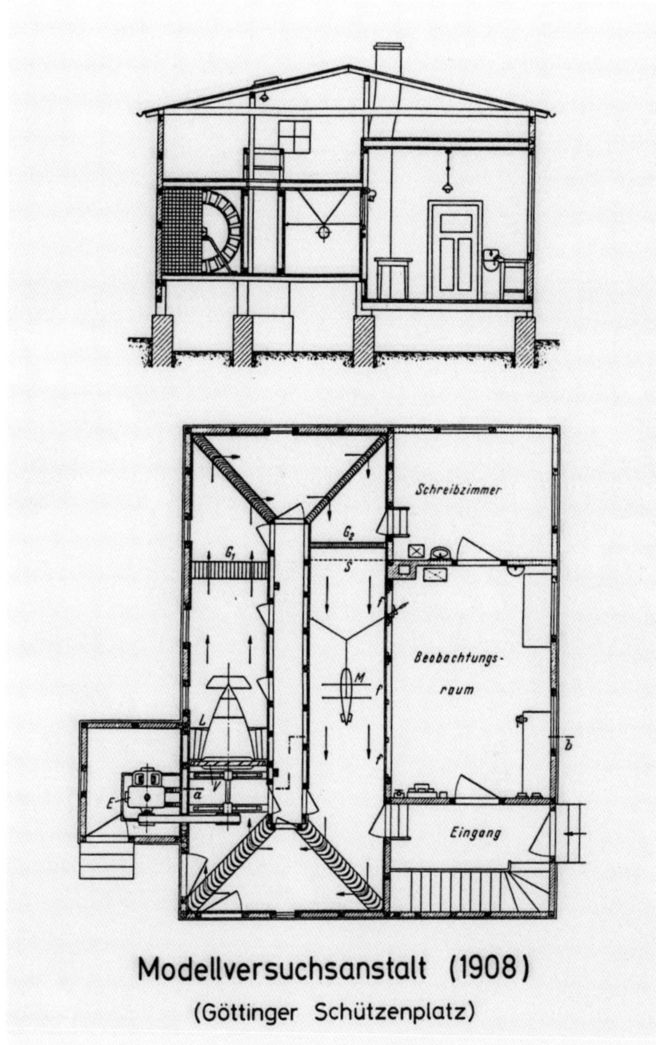

Querschnitt durch das Gebäude der MVA mit dem Kleinen Windkanal von 1908.

dessen Ergebnisse mit der Dynamik auf dem Gebiet der Luftfahrttechnik nicht Schritt halten konnten, wirkte Prandtl spätestens ab 1911 darauf hin, die aerodynamische Forschung auf eine viel solidere Basis zu stellen.

In mehreren Schreiben, von Prandtl selbst als Denkschriften formuliert, an die Kaiser-Wilhelm-Gesellschaft (KWG) wie auch an das zuständige Reichsamt des Inneren in Person des Geheimen Regierungsrates Theodor Lewald (der gleiche, der Zeppelin 1910 vor dem Konkurs rettete) wirkte er vehement darauf hin, eine entsprechende Ausstattung in einem neu zu errichtenden Gebäude in Göttingen zu erhalten.

Dies verlief nicht ohne Komplikationen, da auf Seiten von Lewald die Auffassung bestand, dass die am 12. April 1912 gegründete Deutsche Versuchsanstalt für Luftfahrt (DVL) in Adlershof bei Berlin durchaus in der Lage sei, alle von Prandtl für Göttingen vorgesehenen wissenschaftlichen Forschungen mit abzudecken. Selbst aus damaliger Sicht musste dies als absurd abgetan werden, da weder die technische Ausstattung noch das vorhandene Personal der DVL zu dieser Zeit solche Aufgabengebiete, wie von Prandtl dargelegt, abdecken konnte.

Von besonderer Bedeutung war offensichtlich ein Schreiben Prandtls an die KWG vom 8. November 1912, in dem er in mehreren Anlagen detailliert und in Abgrenzung zum Aufgabenbereich der noch jungen DVL in Adlershof unter der Leitung von Professor Friedrich Bendemann nicht nur die Aufgaben und Strukturen des „Projekts eines Forschungsinstituts für Aerodynamik und Hydrodynamik“ in Göttingen skizzierte, sondern bereits auch akribisch die Bauweise und die notwendig vorzusehenden Versuchseinrichtungen zu Papier brachte. Im beiliegenden Kostenvoranschlag bezifferte er die einmaligen Ausgaben zum Bau und zur Einrichtung des Instituts mit 325.000 Mark, die jährlichen Folgekosten mit 36.000 Mark. Interessant ist auch, dass Prandtl in einem erneuten Schreiben im Dezember 1912 unter deutlichem Hinweis auf die „große militärische Bedeutung der Luftfahrzeuge“ offensichtlich „den richtigen Knopf drücken konnte“. Das zeigen die positiven Reaktionen von Reichsmarine- und Heeresamt. Und es fällt auf, dass in den Schreiben von Prandtl der Begriff „Luftschiff“ als Forschungsgegenstand ersetzt wurde durch den Begriff „Flugzeug“. Es dauerte zwar noch einige Zeit und es bedurfte mehrerer entsprechender Sitzungen, bis Dr. Henry Theodore von Böttinger, der Vorsitzende der „Göttinger Vereinigung zur Förderung der angewandten Physik und Mathematik“, in einem Telegramm vom 18. Juni 1913 den Erfolg vermelden konnte.

Jedoch machte der Kriegsausbruch alle bisherigen Pläne zunichte. Der Finanzminister gab die veranschlagten Gesamtkosten für die neue Versuchsanstalt nicht frei. In einem erneuten Schreiben verwies Prandtl auf die Anlagen der Kriegsgegner – von Eiffel in Paris und die des „National Physical Laboratory“ (NPL) im britischen Teddington – und skizzierte zudem detailliert die Notwendigkeit der aerodynamischen Forschung, angefangen für den Flugzeug- und Luftschiffbau bis hin zu ballistischen Untersuchungen von Geschossen. Es gelang, Prinz Heinrich von Preußen, den Bruder des Kaisers und einen allen technischen Neuheiten Zugeneigten, für das Projekt zu interessieren. Am 16. August 1915 wies das Kriegsministerium die Auszahlung der erforderlichen finanziellen Mittel an. Die Bauarbeiten zur Errichtung des noch heute existierenden Gebäudes 1 an der Böttingerstraße konnten aufgenommen werden.

Das Gelände der DVL in Adlershof (1913).

Theodor Lewald (1860–1947).

Dr. Henry Theodore von Böttinger (1848–1920).

Im Jahr 1917 stand der geforderte größere Windkanal (Windkanal I) zur Verfügung. Parallel dazu entstand bis 1918 das Gebäude 2 für den aus der Hildebrandtstraße hierher verlegten kleinen „alten" Windkanal von 1908 (der zum Windkanal II „degradiert" wurde). Das als Fachwerkhaus ausgeführte erste Laborgebäude in der Hildebrandtstraße wurde abgerissen.

Ein permanent wirkendes Problem war von Anfang an die Sicherstellung der Finanzierung der Forschungsarbeiten. Bereits im Herbst 1913 war deshalb die Universität Göttingen in die Bresche gesprungen und hatte die Trägerschaft über die MVA übernommen. Ab diesem Zeitpunkt wurde der Name umgeändert in „Modellversuchsanstalt der Universität Göttingen", während des Ersten Weltkrieges erfolgte eine weitere Umbenennung in „Modellversuchsanstalt für Aerodynamik", gültig von 1915 bis 1918. Mit der Integration in die Kaiser-Wilhelm-Gesellschaft am 12. Februar 1918 lautete ihre Bezeichnung von nun an bis 1925 „Aerodynamische Versuchsanstalt der Kaiser-Wilhelm-Gesellschaft" (AVA).

Noch vor dem Ersten Weltkrieg hatte sich auch Professor Hugo Junkers als Leiter des Lehrstuhls für Thermodynamik an der TH Aachen mit Fragen der Strömungsforschung befasst. 1911 schuf er zusammen mit seinem Kollegen Hans Reissner den ersten Windkanal an einer Technischen Hochschule, der durch einen 1913 errichteten weiteren Windkanal ergänzt wurde. Junkers war es auch, der 1915 in seinem Dessauer Werk den ersten deutschen Industrie-Windkanal installieren ließ. Diese drei Kanäle wurden noch in einer offenen Bauweise errichtet. Vor allem im Dessauer Kanal entwickelte Junkers mit seinem Team das dann erfolgreich realisierte Konzept des Eindeckers mit dickem freitragendem Flügel, hervorragend umgesetzt ab 1919 im ersten Ganzmetall-Verkehrsflugzeug der Welt, der Junkers F 13.

Anfänglich waren nach 1918 die Forschungseinrichtung in Göttingen und die DVL in Adlershof, Letztere allerdings mit deutlichen Abstrichen, die einzigen, die sich relativ umfassend mit der Aerodynamik in der Luftfahrt befassten. Nicht zu verkennen ist, dass beide Institutionen nach 1919 unter starkem ökonomischem Druck standen, einhergehend mit einem starken Aderlass an Personal und nachlassender staatlicher Unterstützung, nicht zuletzt der Inflation und den restriktiven politischen Gegebenheiten geschuldet. Es gelang nur teilweise, vor allem mit privaten Aufträgen, sich mehr schlecht als recht über Wasser zu halten. Der Zwang zum Gelderwerb führte auch dazu, dass absolut forschungsfremde Arbeiten ausgeführt wurden. Trotz der Einschränkungen durch den Versailler Vertrag übernahm die AVA in der Zeit von 1919 bis 1925 eine Anzahl von Aufträgen der Flugzeugindustrie, darunter im Jahr 1922 die

Der Neubau des Gebäudes 1 der Modellversuchsanstalt für Aerodynamik (1917).

Schnitt durch Gebäude 1 mit dem Windkanal I.

Nachbau der Junkers F 13 im Dessauer Hugo-Junkers-Museum.

Dornier Wal im Windkanal I der AVA (1922).

Vermessung des Flugbootes Dornier Do Wal im Windkanal I (die Fertigung erfolgte im italienischen Marina di Pisa) und 1925 der F 19 „Ente“ von Focke-Wulf.

Es wurden aber auch ausländische Aufträge übernommen, so die Untersuchungen eines Modells des Typs PM-3 der Martin Aeroplane Factory, eines Projekts für ein maritimes Patrouillenflugzeug. Erst nach der Aufhebung der Baubeschränkungen für Flugzeuge in Deutschland im Jahr 1925 setzte wieder eine zielgerichtete und regelmäßige Forschung im Auftrag des Reichsverkehrsministeriums ein. Die Universitäten und Technischen Hochschulen nahmen sich zunehmend, wenn auch noch nicht in der Breitenwirkung, der aerodynamischen Grundlagenforschung an, teilweise bereits mit anwendungsspezifischen Problemen im Auftrag der Industrie. Trotz der Beschränkungen des Versailler Vertrages hatte hierbei der Bereich der Luftfahrt einen erheblichen Anteil. Das war auch dem Umstand zu verdanken, dass führende Hersteller von Luftfahrzeugen wie z. B. Junkers und Dornier vor allem die Erprobung und Fertigung ins Ausland verlegt hatten und damit der Dynamik des Geschehens trotz der Verbote entsprechen konnten. Da die Forschung an sich in Deutschland nicht unter das Verbot fiel, war diese Lösung auch nicht sanktioniert. Zudem war das der erfolgversprechendste Weg, um Fachpersonal auszubilden, welches nach Aufhebung der Verbote kurzfristig zur Verfügung stehen konnte. Das ist neben der Bereitstellung der erforderlichen finanziellen Mittel durch den Staat und dem Aufbau der Kapazitäten eine der wesentlichen Ursachen dafür, dass die deutschen Flugzeugwerke ihre Kapazitäten relativ rasch hochfahren konnten. Auffallend ist es auch, dass selbst kleinere Hochschulen hier einbezogen wurden und so neben den qualitativen Faktoren auch die quantitativen zum Tragen kamen. In der Industrie waren es nur die Junkers-Werke in Dessau, die sich bereits während des Krieges des Einsatzes von Windkanälen bedient hatten. Ein entscheidender Faktor, der sich hemmend auf die Grundlagenforschung auswirken sollte, waren die restriktiven Bestimmungen des Versailler Vertrages vom 28. Juni 1919. Dieser verbot, formuliert in seinen Teilen 5 und 11, jede fliegerische Betätigung, also auch auf dem Sektor der Forschung, der industriellen Fertigung sowie des Flugbetriebs zumindest für die nächsten Jahre. Nur der Segelflug blieb ob seiner damaligen Bedeutungslosigkeit unberücksichtigt, was aber noch Folgen haben sollte. Vor allem die Grundlagenforschung an den Universitäten und Hochschulen war immer noch ein Stiefkind. Um diesem Trend etwas entgegenzusetzen, gründete die KWG das „Kaiser-Wilhelm-Institut für Strömungsforschung", dessen Direktor Ludwig Prandtl 1925 wurde. Folgerichtig wurde die AVA und das letztgenannte Institut unter dem sehr sperrigen Begriff „Kaiser-Wilhelm-Institut für Strömungsforschung, verbunden mit der Aerodynamischen Versuchsanstalt" zusammengeschlossen. Prandtl blieb Direktor, Albert Betz übernahm den Posten des Stellvertreters.

1937 wurden das KWI für Strömungsforschung und die AVA wieder getrennt. Während das KWI unter der Leitung von Prandtl unter dem Dach der KWG verblieb, wurde die AVA unter dem neuen Direktor Albert Betz dem Reichsluftfahrtministerium als Rüstungs- und Luftwaffenspezialbetrieb unterstellt. Im Verlauf dieser Trennung wurde die AVA etwas sperrig im August 1937 in „Aerodynamische Versuchsanstalt in der Kaiser-Wilhelm-Gesellschaft" umbenannt und nach Ende des Zweiten Weltkrieges am 30. September 1946 geschlossen, während das KWI weiterhin bestehen blieb.

Die DVL konnte diesen Trend nach dem Ersten Weltkrieg mangels entsprechender finanzieller Mittel und wegen des erfolgten personellen Aderlasses nicht mitgehen. Die Anlagen und Einrichtungen, mehr oder weniger Provisorien, veralteten, und der Großbrand von 1925 tat sein Übriges. Erst im Rahmen des rasanten, politisch gewollten und erfolgsorientierten Wiederauf- und Ausbaus der diesbezüglichen Forschungslandschaft, der darauf aufbauenden industriellen Entwicklung und der vor allem militärisch orientierten Luftfahrt wurden auch hier bereits ab 1932 die notwendigen Kapazitäten neu geschaffen.

Dass diese Entwicklungen auch politisch gesteuert wurden und gewollt waren, kommt darin zum Ausdruck, dass staatlicherseits die entsprechenden Bedingungen dafür geschaffen wurden. Auch der Staat hatte erkannt, dass die Dynamik der Entwicklungen in der gesamten Luftfahrt als Bestandteil des allgemeinen technischen und technologischen Fortschritts eine entsprechende Regulierung und die Schaffung einer wissenschaftlichen Basis unbedingt benötigte. Bereits mit der Bildung des „Wissenschaftlichen Forschungsrates für die Luftfahrt" im Jahr 1928 hatte man versucht, zwei Fliegen mit einer Klappe zu schlagen. Einerseits sollte die Forschungsarbeit

Ludwig Prandtl mit seiner Arbeitsgruppe am Göttinger KWI (um 1925).

Luftbild des bis 1930 umfangreich erweiterten Geländes der DVL in Adlershof.

verschiedenster Institutionen besser koordiniert werden, andererseits sollten die Synergieeffekte zwischen Forschung, Erprobung und Produktion maximal zur Wirkung kommen. Mit der Weltwirtschaftskrise 1929 gab es hierbei allerdings vorerst einen deutlichen Einbruch. Bereits im Vorfeld der Machtergreifung der Nationalsozialisten wehte der Wind wieder aus einer anderen Richtung, er wurde, bildlich gesprochen, zum Sturm. Die politische, wirtschaftliche und militärische Orientierung darauf hin, Deutschland mit allen Mitteln zur Weltgeltung zu verhelfen, eröffnete auch der Luftfahrtforschung vollkommen neue Perspektiven und Möglichkeiten, alle Hemmnisse wurden damit beseitigt. Das Jahr 1933 wurde zu einer Zäsur für die Rüstungsforschung allgemein, für die der Luftfahrt im Besonderen. Grundlage dafür war der Rückstand der deutschen Luftfahrt und ihrer Industrie vor allem infolge der Beschränkungen des Versailler Vertrages. Gerade dieser Sachverhalt hatte in Einheit mit der Zeppelinhysterie des Kaiserreiches, dem Mythos um die Jagdfliegerlegenden

Dr. Adolf Baeumker in seinem Arbeitsbereich im Reichsluftfahrtministerium.

Ludwig Prandtl bei seiner Ansprache zur Einweihung des Windkanals VI der AVA am 17. Oktober 1936 – man hatte sich mit dem NS-Regime arrangiert.

wie Richthofen, Boelcke und Immelmann und der absoluten Beschneidung der Luftfahrt nach 1919 diese in Deutschland faktisch zu einem Kultgegenstand auch in der Bevölkerung erhoben. Die Luftfahrtforschung wurde im neu geschaffenen RLM unter der Leitung von Hermann Göring zentralisiert. Dessen Forderung war, bis 1938 die führenden Nationen, vor allem Großbritannien und Frankreich, auf dem Gebiet der Luftfahrt einzuholen. Leiter der Forschungsabteilung im Technischen Amt (TA) des RLM wurde Dr. Adolf Baeumker.

Bestandteil seiner Denkschrift zur Neuorientierung der Forschung war auch die Schaffung neuer Kapazitäten. In allererster Linie betraf dies den großzügigen Ausbau der bestehenden zentralen Forschungseinrichtungen wie der AVA und der DVL. Es entstanden im Laufe der Zeit aber auch neue Großforschungszentren, z. B. in Braunschweig, Peenemünde und München. Dieser dynamische Prozess schloss ebenso die Universitäten und Technischen Hochschulen wie auch die Luftfahrtindustrie ein. Unter Einbeziehung der bereits erwähnten frühen Windkanäle standen bis Ende 1945 in Deutschland und ab 1939/40 im besetzten Ausland insgesamt 71 arbeitende Windkanäle unterschiedlicher Leistung und Bauart für Forschung, Lehre und Produktion der Luftfahrt zur Verfügung.
Anzahl Windkanäle (Stand 1943):

a) Zentrale Forschungseinrichtungen	29
b) Universitäten + Technische Hochschulen	19
c) Industrie	10
d) Besetzte Länder	13

Mit wenigen Ausnahmen bei der AVA, DVL, TH Aachen, TH Danzig, Junkers und Zeppelin waren die deutschen Windkanäle erst ab 1934 errichtet worden. Die Haltung der Wissenschaftler in der NS-Zeit ist durchaus als zwiespältig zu bezeichnen. Insgesamt gesehen ist es so, dass die Luftfahrtforschung in dieser Zeit mit all ihren Bereichen und ihrem Personal zunehmend und entscheidend der deutschen Luftrüstung diente und die Eroberungsziele des Nationalsozialismus verwirklichen sollte. Das gesamte Wissenschafts-, Forschungs- und Wirtschaftspotential des „Dritten Reiches" war in das System der NS-Diktatur eingebunden. Das Verhältnis der Wissenschaftler dieses wie nahezu aller anderen Forschungsbereiche zur Politik des Systems ist als sehr ambivalent zu bezeichnen – im Vordergrund steht die wissenschaftliche Arbeit, deren Zielen man sich verpflichtet fühlt, nur diese setzen die Prioritäten. Unbequeme Wahrheiten blendet man aus, wer sie ausspricht, gefährdet die wissenschaftliche Arbeit und sich selbst.

Stark verknappt und verallgemeinert spiegelten sich diese Positionen auch bei den in der deutschen Luftfahrtforschung Tätigen wider und sind in etwa wie folgt zu skizzieren:

Die Luftfahrt besaß einen hohen Stellenwert im NS-Staat zur Erreichung politischer und militärischer Ziele, darüber definierte sich der Einzelne im System. Es gab auch eine hohe Loyalität bei teilweise durchaus vorhandener Distanz zum System. Das Denken war beeinflusst vom Versailler Vertrag und seinen schwerwiegenden Folgen für Deutschland, diese Niederlage war zu kompensieren.

Persönlich war man der Luftfahrt und der Forschung verpflichtet. Eine Reihe von Beschäftigten dieses Bereichs waren selbst begeisterte Flieger. Eine starke militärische Luftmacht wurde umfassend bejaht, ihre Schaffung wurde als nationale Pflicht angesehen.

Die grundlegende persönliche Haltung dürfte wohl auf die einfache und auch nach 1945 immer wieder kolportierte Formel zu reduzieren sein, dass „Wissenschaft nichts mit Politik zu tun hat". Die Rückbetrachtung aller Beteiligten auf die zurückliegende Zeit war nach 1945 überwiegend keine oder eine nur schwache Reflexion über die eigene Rolle und Verantwortung. Das ist die eine Seite – die andere ist die, dass von Seiten der Alliierten nahezu ausschließlich die Übernahme der deutschen Forschungsergebnisse Priorität hatte, moralische und ethische Aspekte spielten keine Rolle. Man muss nicht die Person von Wernher von Braun besonders bemühen, um das zu belegen. Diese Phase nach dem Zweiten Weltkrieg war durchgängig vom Aspekt der Nützlichkeit diktiert. War das Wissen abgeschöpft, wurde die Person, auch weiterhin jeder Verantwortung bar, in die zivile Gesellschaft entlassen und fand dort recht schnell Anschluss im ehemaligen Betätigungsfeld, beiderseits des inzwischen errichteten „Eisernen Vorhangs".

Der von Anfang an totale Krieg (1943 offen dazu erklärt) machte um keine Forschungseinrichtung, gleich ob Großforschungszentrum, Universität oder Hochschule oder Industrie, einen Bogen. Wenn auch rein gefühlsmäßig bei den Beteiligten weiterhin der Forschungsgegenstand im Mittelpunkt stand, wurden ihre objektiven Grenzen immer enger gesteckt. Historische Betrachtungen, zumindest die Zeit des Nationalsozialismus tangierend bzw. beschreibend, sehen sich auch stets mit der Fragestellung konfrontiert, inwieweit dabei die inhumane, menschenverachtende Ausbeutung von Fremd- bzw. Zwangsarbeitern, Kriegsgefangenen oder KZ-Häftlingen eine Rolle spielte, in welcher Art auch immer. Dies betrifft natürlich auch die Tätigkeit der AVA wie vieler anderer gleichartiger Forschungseinrichtungen. Hier muss allerdings auch eine gewisse Differenzierung erfolgen. Soweit dies unmittelbare Forschungsarbeiten betrifft, kann in der Regel davon ausgegangen werden, dass nur in relativ geringem Umfang eine Einbeziehung von Fremd- und Zwangsarbeitern bzw. KZ-Häftlingen erfolgt ist. Dafür waren die Arbeitsinhalte zu sehr als geheim eingestuft, auch fehlte größtenteils die Sach- und Fachkenntnis bei den genannten Arbeitskräften, obwohl es einige wenige Ausnahmen gab. Aber natürlich waren spätestens mit dem Kriegsbeginn durch den wachsenden Arbeitskräftemangel auch die Forschungseinrichtungen objektiv unter Druck, und es war nicht selten subjektiv gewollt, fremde Arbeitskräfte vorrangig für Baumaßnahmen zu erhalten. In der Regel waren dies sogenannte „Fremd-„ oder „Ostarbeiter", aber auch Kriegsgefangene und KZ-Häftlinge. Vor allem die sowjetischen Kriegsgefangenen und die KZ-Häftlinge wurden für solche Arbeiten eingesetzt, bei denen die „Vernichtung durch Arbeit" einkalkuliert war. Nach dem bisherigen Kenntnisstand kann aber davon ausgegangen werden, dass z. B. auf Baustellen der AVA (Bauvorhaben B 3 Reyershausen; Bauvorhaben GR II Kältewindkanal; Bauvorhaben Prüfstand E 2) nur wenige solche Arbeitskräfte, vorwiegend „Ostarbeiter", zum Einsatz kamen. Das liegt vor allem am schrittweisen Abbruch der Arbeiten ab 1943. Eine grundlegendere Betrachtung der Verstrickung der Forschungseinrichtungen an den Forschungsanstalten wie auch an Universitäten und Hochschulen in das NS-Regime harrt vielfach noch einer näheren Betrachtung. Eines der Beispiele dafür, in welchem Umfang und unter welchen Bedingungen KZ-Häftlinge zum Einsatz kamen, ist der Aufbau der Luftfahrtforschungsanstalt München e. V. (LFM). Nach einer Aufstellung des Chefs des SS-Wirtschafts-Verwaltungshauptamtes (WVHA) Obergruppenführer Oswald Pohl vom 21. Februar 1944 waren 400 Häftlinge des Außenlagers des KZ Dachau sowie eine ungenannte Zahl Kriegsgefangener beim Bau der LFM eingesetzt. In diesem Zusammenhang darf die besondere Brutalität des menschenverachtenden Einsatzes von Häftlingen, wie er vor allem im Zuge der Verlagerung der Rüstungsproduktion unter die Erde ab Mitte 1944 massenhaft zu verzeichnen war, nicht unerwähnt bleiben. Dass dies, je näher das unausweichliche und absehbare Ende des Regimes rückte, immer mehr auch tragische Dynamik bekam, zeigte sich deutlich in den letzten beiden Kriegsjahren ab Mitte 1943.

Bei dem Angriff der Royal Air Force auf die Heeresversuchsanstalt (HVA) Peenemünde in der Nacht zum 18. August 1943 blieb aufgrund eines Zielfehlers, der tragischerweise vor allem dem Zwangsarbeiterlager Trassenheide südlich der HVA schadete, das Aerodynamische Institut mit seinen Anlagen –

Häftlinge des KZ Mittelbau-Dora nach der Befreiung im Mai 1945.

Sachzeugen unmenschlicher Arbeitsbedingungen – von Häftlingen des KZ Mittelbau-Dora in Handarbeit ausgehauene Stollen für die V-Waffenproduktion.

darunter den beiden Überschall-Windkanälen, unerlässlich für die Untersuchungen an den Großraketen, vor allem der „Wunderwaffe V1" (Aggregat 4) – nahezu unbeschädigt. Es war aber klar, dass es nur eine Frage der Zeit sein würde, bis der Angriff wiederholt würde. Deshalb wurden so schnell wie möglich die wichtigsten Teile der HVA verlegt. Die Produktion der Raketen wurde in das sogenannte Mittelwerk DORA bei Nordhausen in einen bombensicheren Untertage-Komplex verlagert. Besonders beim Ausbau der Einrichtung und bei der Produktion von DORA kamen Zwangsarbeiter, Kriegsgefangene und KZ-Häftlinge unter den grausamsten Umständen zum Einsatz. Wernher von Braun als Leiter des Raketenprogramms und selbst mehrere Male vor Ort weilend wollte aber bis zum Ende seines Lebens von den dort herrschenden Verhältnissen keine Kenntnis gehabt haben!

Bereits recht frühzeitig begann man, nach vorliegenden Recherchen bereits 1938/39, mit der Planung von Hochleistungswindkanälen, die vom allgemeinen Stromnetz unabhängig die Kraft des Wassers als Antrieb nutzten. Einerseits konnte damit das allgemeine Stromnetz entlastet werden und dessen volle Leistung stand der Rüstungsindustrie zur Verfügung, andererseits entfiel der Einsatz des kriegswichtigen Rohstoffs Kupfer durch Wegfall der Elektromotoren im Antriebsbereich.

Auf dieser Basis begann man um 1941/42 mit vorbereitenden Arbeiten an Projekten von Windkanälen bis hin zum Hyperschallbereich zwischen Mach 7 und Mach 10. Die dafür erforderliche riesige Antriebsleistung im höheren Megawatt-Bereich an den Standorten Kochel und im Ötztal sollte durch Wasserturbinen erbracht werden. Allerdings konnten diese Projekte bis Kriegsende nicht mehr vollständig realisiert werden. Die Spezialisten wie auch die Dokumentationen und das Material fielen den Alliierten in die Hände. 1945 war den alliierten Siegermächten recht schnell klar geworden, dass insbesondere auf dem Gebiet der Rüstungsforschung beim theoretischen Erkenntnisgewinn und in der praktischen Umsetzung die deutsche Luft- und Raumfahrt einen erheblichen Vorsprung erlangt hatte, ganz im Gegensatz zu den ökonomischen Möglichkeiten und den zur Verfügung stehenden Ressourcen im Deutschen Reich. Die alliierten Seiten hatten dies bereits in den letzten Kriegsjahren in Grundzügen erkannt und handelten dementsprechend noch kurz vor Kriegsende. Interessanterweise hatte vor allem die sowjetische Seite tiefgreifendere und recht frühe Einblicke in den Stand der deutschen Forschung, vor allem aufgrund der recht innigen Kontakte und Beziehungen auch auf militärischem Gebiet ab 1925 bis zum deutschen Überfall 1941 und der geschickten Agenturaufklärung, sprich Spionage, bis in politische Führungsstrukturen und in die Luftwaffe. Besonders ab Mai 1945 operierten unmittelbar hinter der kämpfenden Truppe spezielle Einheiten auf Seiten aller alliierter Verbündeten, in denen die besten Wissenschaftler und Techniker einen bedeutenden Anteil ausmachten. Ziel dieser Spezialistengruppen war es, schnellstmöglich das Wissen in jeder Form abzuschöpfen und raschestmöglich nutzbar zu machen. Bereits in Jalta, spätestens aber auf der Potsdamer Konferenz zeichnete sich deutlich ab, dass die Nachkriegsinteressen der noch Verbündeten stark divergierten, besonders zwischen den Westalliierten und der Sowjetunion. Der Besitz der Atombombe seitens der USA verschärfte die Situation erheblich. Der Kalte Krieg warf seine Schatten voraus. Ressentiments bezüglich der Verstrickungen der deutschen Wissenschaftler in die Machenschaften der NS-Politik spielten auf keiner Seite eine Rolle, moralische Bedenken traten absolut in den Hintergrund. Ein gravierendes Beispiel ist wohl die Nutzung der Forschungsergebnisse der deutschen Luftfahrtmedizin auf der Grundlage umfangreicher Versuche an KZ-Häftlingen, die zumindest dem US Army Medical Corps und der Air Force zur Verfügung standen und dort besonderes Interesse fanden.

Ab dem Beginn der 1950er-Jahre wurde im Zusammenhang mit der schrittweisen Aufhebung der wie nach dem Ersten Weltkrieg erneut restriktiven alliierten Beschränkungen in Deutschland die Wiederinbetriebnahme, vor allem aber der Neubau von Luftfahrtforschungseinrichtungen aktuell. Die Rückkehr vor allem der in die Sowjetunion verbrachten Forscher und Techniker in beide Teile Deutschlands und die Errichtung neuer Forschungs- und Produktionskapazitäten unter dem Blickwinkel eines sich verschärfenden West-Ost-Konflikts beschleunigten diesen Prozess. Da ein Großteil des von den Westalliierten abgeworbenen Personals in deren Ländern verblieb, kamen in der ersten Hälfte der 1950er-Jahre die Spezialisten aus der Sowjetunion vorwiegend in die DDR zurück. Dadurch erreichte, wenn auch nur kurzfristig über einen Zeitraum von noch nicht einmal zehn Jahren, die DDR einen Spitzenplatz. Die Errichtung neuer Windkanalkapazitäten waren immanenter Bestandteil des Aufbaus der Luftfahrtindustrie in beiden deutschen Staaten. Aber ebenso wie in der Bundesrepublik war aufgrund der Zerstörung bzw. der Verlagerung der technischen Anlagen durch die Alliierten ein Rückgriff auf die ehemals vorhandenen Windkanäle nicht mehr möglich, es mussten neue Anlagen errichtet werden. Das Know-how dazu war in Teilen noch vorhanden, in Grenzen auch im Osten, obwohl hier die Reparationsleistungen an die Siegermacht Sowjetunion eine sehr viel stärkere Auswirkung als in der BRD hatten. Die Ursachen dafür, dass in der DDR der Prozess des Aufbaus einer eigenen zivilen Luftfahrtindustrie recht dynamisch verlief, sind vor allem darin zu suchen, dass im Rahmen der ökonomischen Arbeitsteilung im Warschauer Pakt aufgrund der exponierten Rolle Deutschlands in der Luftfahrt bis 1945 diese vorhandenen Erfahrungen nunmehr im Interesse des Pakts umgesetzt werden sollten. Bis auf die Sowjetunion gab es in den anderen Staaten des Pakts kaum nennenswerte Kapazitäten in diesem Bereich. Einerseits war dort bis Kriegsausbruch – mit Ausnahme Polens und der Tschechoslowakei – kaum Luftfahrtforschung bzw. -industrie vorhanden und spielte zudem international auch kaum eine wesentliche Rolle. Andererseits waren die vorhandenen Kapazitäten im Krieg vollständig in die deutsche Rüstungswirtschaft integriert worden. Obwohl anders geplant, verhinderte schließlich einerseits eine international eingetretene Veränderung der Rolle von Flugzeug und Rakete im Militärwesen, andererseits die Dominanz der Sowjetunion in Einheit mit der Durchsetzung ihrer eigenen Interessen diesen Prozess im Osten Deutschlands.

Mit der Einstellung dieses Produktionszweiges in der DDR im Jahre 1961 übernahm die Bundesrepublik die alleinige Rolle und baute sehr dynamisch alle Kapazitäten auch auf dem Forschungssektor unter Nutzung des Wissens und der Erfahrungen vor 1945 auf und aus. Anders als im Osten setzte das westliche Bündnis im Rahmen der NATO und der EWG auf eine breite Partnerschaft zwischen den Ländern und auf eine hohe Dynamik des Forschungs- und Produktionspotentials auch im Luftfahrtsektor. Die ab Mitte der 1950er-Jahre vor allem vorerst mit Lizenzproduktionen der Partner anlaufende industrielle Fertigung benötigte bald dringend in Verfolgung eigener Programme eine entsprechende wissenschaftliche Basis. Das Deutsche Zentrum für Luft- und Raumfahrt (DLR) und sein Vorgänger DFVLR sowie andere Forschungs- und Lehreinrichtungen errichteten in recht rascher Folge die entsprechenden Windkanalkapazitäten, auch unter Nutzung der Erfahrungen im alliierten Bündnis. Heute gehören diese Anlagen zu den weltweit modernsten ihrer Art und begründen damit auch die Position Deutschlands als eine der führenden Luft- und Raumfahrtnationen.

3.

Bauarten von Windkanälen und ihre wichtigsten Komponenten

3.1 Bauarten

Windkanäle für die aerodynamische Forschung lassen sich in folgende Grundbauarten unterscheiden:

a) Geschlossene Bauart nach Prandtl (Göttinger Prinzip)
Diese zeichnet sich aus durch eine geschlossene Luftführung, die bei einer zwar komplizierteren Bauweise gegenüber der offenen Luftführung aber einen wirtschaftlich günstigeren Betrieb ermöglicht. Dadurch wird es möglich, dass nach dem Hochfahren der Anlage deren Antriebsleistung im Betrieb reduziert werden kann, da der Luftstrom nunmehr permanent trotz verringerter Leistung in der Messeinrichtung zur Verfügung steht. Im Betrieb der Anlage müssen nur noch die bauartbedingten Widerstands- und Strömungsverluste kompensiert werden. Diese Bauart hat sich aufgrund der überwiegenden Vorteile bereits in der ersten Hälfte des vergangenen Jahrhunderts durchgesetzt.

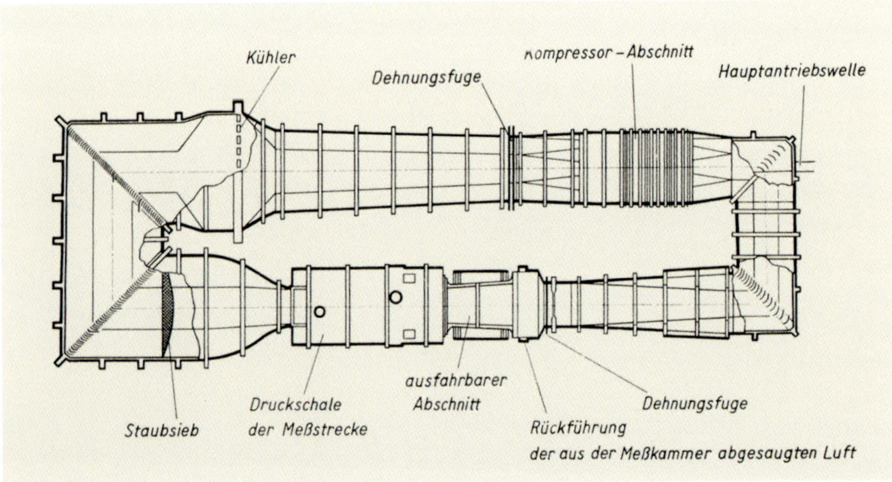

Prinzipskizze eines Windkanals mit geschlossener Luftführung.

Der Große Windkanal der DVL (Luftbild 2008).

b) Offene Bauart nach Eiffel

Diese verfügt über eine offene Luftführung, bei der der benötigte Luftstrom an einer Seite aus der Umgebungsluft angesaugt und entgegengesetzt wieder in die Umgebung ausgestoßen wird. Dabei kann die Messeinrichtung vor oder hinter dem Antrieb liegen. Für die Messung macht es keinen Unterschied, ob der Luftstrom in die Messstrecke geblasen oder angesaugt wird. Diese Bauart reduziert den Bauaufwand erheblich. Allerdings muss der Antrieb permanent während des Betriebs der Anlage entsprechend des Untersuchungszwecks mit der erforderlichen maximalen Leistung gefahren werden, was die Wirtschaftlichkeit der Anlage

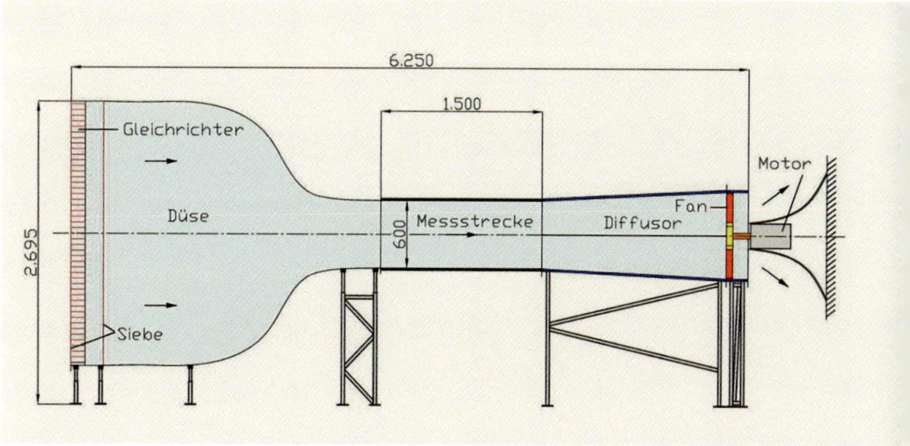

Prinzipskizze eines Windkanals mit offener Luftführung (LNB der TU Braunschweig).

ungünstig beeinflusst. Auch ist der Einfluss der Umgebungsbedingungen (Lufttemperatur, -feuchte, -druck etc.) sehr viel problematischer für den Versuchsverlauf und muss in der Auswertung berücksichtigt werden.

c) Vertikalwindkanal

Windkanäle dieser Bauausführung sind ebenfalls geschlossene Kanäle, allerdings mit einer spezifischen Besonderheit. Im Gegensatz zu den herkömmlichen Kanälen verfügt diese Bauart über eine in der vertikalen Luftführung gelegenen Messkammer oder -strecke. In den ersten Varianten (siehe z. B. DVL Adlershof) wurde diese Bauart auch als Trudel-Windkanal bezeichnet, da sie zu einer Zeit errichtet wurde, in der das Trudeln als Flugzustand eines Fluggerätes noch weitgehend unerforscht war und unter Laborbedingungen untersucht werden sollte. Heute finden Windkanäle dieser Bauausführung in der Regel nur noch z. B. zu Zwecken des Verhaltens von Fallschirmen oder Abwurflasten Verwendung. In der Mehrzahl sind sie als Sport- und Freizeitgeräte im Einsatz für das Bodyflying bzw. Indoor Skydiving.

d) Sonderbauarten

Windkanäle dieser Bauart sind sogenannte Mischbauarten, die nach den Prinzipien von *a)* bzw. *b)* ausgeführt sind. Bei der „englischen Bauart", auch NPL genannt, handelt es sich um einen offenen Kanal, der in einem geschlossenen Gebäude aufgebaut ist und die gesamte Raumluft möglichst verlustfrei nutzt. Die sogenannte SESSIA-Bauart, entwickelt in St. Cyr bei Paris, baut auf dem Göttinger Prinzip auf, verfügt aber über zwei geschlossene und parallele Luftführungen mit je einem Antrieb, die aber in eine Messstrecke münden. Der Vorteil dabei ist, dass diese Bauausführung platzsparend ist und das Gebäude der Luftführung komplett angepasst werden kann.

Prinzipiell lässt sich die Funktion von Windkanälen stets auf die genannten Bauarten zurückführen. Im Mittelpunkt der vorliegenden Betrachtung stehen Windkanäle für die aerodynamische Forschung. Andere Verwendungszwecke von Windkanälen, wie z. B. Kryo- oder Akustik-Windkanäle, finden nur am Rande Erwähnung.

Der Trudel-Windkanal der DVL (2010).

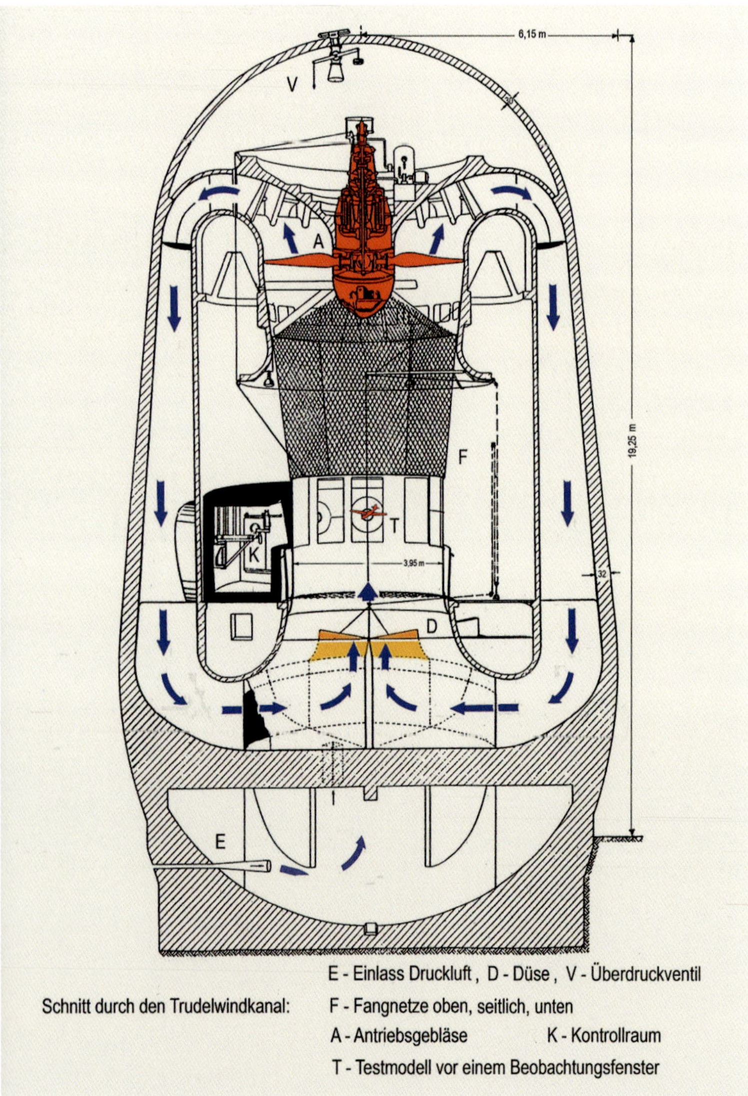

Wirkungsweise eines Vertikal-Windkanals (Trudelwindkanal der DVL in Adlershof).

3.2 Die wichtigsten Konstruktionselemente von Windkanälen

Luftführung:
In der offenen wie auch in der geschlossenen Bauart wird der Luftstrom zwangsgeführt, wobei die Bauausführung unterschiedlich ist. Die „Röhre" kann im Querschnitt sowohl quadratisch, rechteckig, oval oder kreisrund ausgeführt sein. Allerdings kommen vor allem bei moderneren Anlagen auch sich variabel verändernde Querschnitte in Durchmesser und Form zur Anwendung. Dabei unterlag die Wahl des Materials im Verlauf der Entwicklung, auch in Abhängigkeit von technologischen, ökonomischen bzw. finanziellen Aspekten, einer steten Veränderung. Hauptsächlich erfolgte und erfolgt der Einsatz von Beton- oder Metallkonstruktionen. Die Luftführung kann horizontal (über bzw. unter der Messeinrichtung) bzw. vertikal (seitlich an der Messkammer vorbei) erfolgen.

Antriebe:
Schon sehr frühzeitig, gekoppelt an die Entwicklung und den Einsatz elektrischer Antriebe, haben sich diese nahezu ausschließlich als Antriebsvariante für die Erzeugung des Luftstroms etabliert. Ihr unbestrittener Vorteil ist die geringe

Kreisrunde Luftführung (hier die Eintrittsdüse) am Beispiel des Windkanals A 3 der LFA.

Vertikale Luftführung des Windkanals A 2 der DFL.

Antriebsmotor und Regelwiderstand des Windkanals I der AVA.

Antriebsrad auf der Welle des Gebläsepropellers des Windkanals I der AVA.

akustische Abstrahlung, die Regelbarkeit der Drehzahl des Antriebsmotors und damit der Geschwindigkeit des Luftstroms wie auch ihr hoher Wirkungsgrad. Dabei war und ist der Einsatz von Gleich- bzw. Wechsel- oder Drehstrommotoren allgemein üblich. Die Regulierung des Luftstroms erfolgt teilweise über die Verstellung der Propellerblätter des Antriebsmotors bzw. durch den Einsatz verschiedener Durchmesser und Formen der Eintrittsdüsen in die Messkammer. Zur Vermeidung des Luftschraubendralls einflügliger Propeller, die den Einsatz von Gleichrichtern erfordert, bürgerte sich vor allem bei Anlagen höherer Leistung die Verwendung gegenläufiger Propeller ein. Die Erreichung hoher Luftstrom-

Gebläsepropeller des Windkanals A 2 der DFL.

geschwindigkeiten > Mach 1 war nur noch erreichbar durch den Einsatz von Vakuum- bzw. Dampfstrahlanlagen. Die Folge ist allerdings, dass diese nur eine relativ kurze Messdauer ermöglichen, da die Notwendigkeit besteht, die Anlage nach der Versuchsdurchführung immer wieder neu in den Betriebszustand zu versetzen.

Geschlossene Messstrecke des Windkanals A2 der LFA.

Messstrecke:
Grundlegend erfolgt die Ausführung der Messstrecke nach zwei Varianten, die *offene* bzw. die *geschlossene* Ausführung. Die *offene* (auch Freistrahlmessstrecke) zeichnet sich dadurch aus, dass die Luft aus der Eintrittsdüse in einen freien Raum austritt und sich dort mit der Umgebungsluft vermischt. Somit ist die Abmessung des zu untersuchenden Körpers auf den Kern des Luftstroms begrenzt wie auch die Länge der Messstrecke bis zum Auffangtrichter auf nicht mehr als etwa das 2,5-fache des Durchmessers der Eintrittsdüse. Von Vorteil ist die Zugänglichkeit der Messeinrichtung von allen Seiten, vor allem bei Arbeiten am Versuchsobjekt. Zudem lassen sich ganze Messstrecken eines Windkanals auswechseln.

Die *geschlossene* Messstrecke ist zwar in ihrer Zugänglichkeit eingeschränkt, aber es sind hier weitaus längere Messstrecken erzielbar wie auch wesentlich höhere Luftstromgeschwindigkeiten. Somit kann in der Regel die Länge der Messstrecke bis zum 5-fachen des Düsendurchmessers und mehr betragen. Allerdings ist durch den abgeschlossenen Raum eine Eingrenzung des Luftstroms die Folge, sodass die Umströmungen am Untersuchungskörper anders als in der Realität eines „offenen Luftstroms" erfolgen. Dadurch sind rechnerisch Korrekturfaktoren zur Kompensation in Anwendung zu bringen.

Wirkung des Luftstroms in der offenen Messstrecke des alten Kleinen Windkanals der DVL (um 1920).

Offene Messstrecke mit Drei-Komponentenwaage des Windkanals I der MVA (um 1917).

Messeinrichtungen:

Die Messung aerodynamischer Kräfte (z. B. Luftwiderstand, Auftrieb, Nick-, Roll- und Giermomente) erfolgt mittels sogenannter Komponentenwaagen. Für eine einfache Messung in Längsrichtung eines Körpers genügt zur Erfassung von Widerstand und Auftrieb eine Drei-Komponentenwaage. Sollen alle Kräfte und Momente erfasst werden, ist die Verwendung einer Sechs-Komponentenwaage notwendig. Die letzte Form ist die meistverwendete und kam bereits recht früh zur Anwendung, wobei die eigentliche Kräftemessung mittels verschiebbarer Gewichte erfolgte. In der Luftfahrtforschung erfolgt die Kräfteübertragung in der Regel über Seile bzw. Drähte oder über Gestänge in Form einer rein mechanischen oder einer elektromechanischen Übertragung. Moderne Verfahren nutzen berührungslose Messeinrichtungen.

Geschlossene Messstrecke des Überschallwindkanals A 9b der LFA. ▸

3-Komponentenwaage des Windkanals I der MVA.

Druckwaage des Kleinen Windkanals der MVA.

◄ Laufgewichtswaage für Längskraftmessungen des Kleinen Windkanals der MVA.

6-Komponentenwaage des Windkanals I der AVA.

Blick aus der Eintrittsdüse in die Messstrecke des Niedergeschwindigkeitswindkanals NK-1 in Dresden auf den Luftauffangtrichter. Vermessen wird ein Modell des PTL-Projekts 153 (um 1959).

◄ Blick auf die Vorsatzdüse des Großen Windkanals der DVL (um 1938).

Lufteintrittseinrichtung in die Messkammer:
Die Geschwindigkeit des Luftstroms wird neben der Drehzahlregulierung des Antriebs bzw. der Propellerblattverstellung in der Regel durch unterschiedliche Düsenformen und -durchmesser beeinflusst. Die Mehrzahl der Windkanäle verfügt über Düsen verschiedener Formen und Durchmesser, die auswechselbar sind.

Gleichrichter:
Sowohl nach Umlenkeinrichtungen, aber besonders vor dem Eintritt des Luftstroms in die Messstrecke ist es notwendig, diesen möglichst aerodynamisch „sauber aufzubereiten“, das heißt, diesen quasi zu glätten, um eine wirbel- und turbulenzarme Strömung in der Messeinrichtung zu erzielen. Das erfolgt vorrangig durch Gitterkonstruktionen bzw. Lamellen verschiedenster Formen und Ausführungen.

Umlenkeinrichtungen:
Diese Einrichtung ist nur notwendig in der geschlossenen Bauart. Da der Luftstrom, in der Antriebseinheit erzeugt, nach getaner Arbeit in der Messstrecke wieder dorthin zurückgeführt werden muss, ist es notwendig, dass an vier Stellen im Kanalverlauf eine Umlenkung von jeweils 90 Grad erfolgt. Um dies möglichst widerstands- und wirbelarm zu erreichen, erfolgt die Umlenkung durch Leitbleche oder Leiteinrichtungen, die teilweise auch selbst aerodynamisch gestaltet sein können.

Gleichrichter des Windkanals A 3 der LFA.

Grobgleichrichter des Kleinen Windkanals der MVA. ▲

Diffusor
Bauteil in Windkanälen, das die Geschwindigkeit des Luftstroms verringert und den Druck steigert, im Prinzip die Umkehrung einer Düse.

Umlenkeinrichtung des Großen Windkanals der DVL.

3.3 Die Bauausführung von Windkanälen

Ein Windkanal dient zur Simulierung von Kräften an umströmten Körpern mit dem Ziel ihrer Quantifizierung und deren maßstabsgerechter Übertragung auf das Original. Demzufolge gilt für die Planung und bautechnische Ausführung von Windkanälen der Grundsatz *Form follows function* – die Form folgt der Funktion, und zwar uneingeschränkt. Hier ist eine der Ursachen dafür zu suchen, dass die Gestaltung und die Architektur so vielfältig sind und kaum ein Kanal in seiner Architektur und seiner Bauausführung dem anderen ähnelt. Die Zunahme der Fluggeschwindigkeit resultierte in den 1920er-Jahren noch zu 75 % aus der Erhöhung der Antriebsleistung und nur zu 25 % aus aerodynamischen Verbesserungen (nach einer Einschätzung des Flugzeugkonstrukteurs und Unternehmers Ernst Heinkel aus dem Jahr 1938). Dieses Verhältnis veränderte sich nur zehn Jahre später grundlegend. Zu dieser Zeit nahm die Fluggeschwindigkeit nur noch zu 35 % infolge der Steigerung der Antriebsleistung zu, dagegen zu 65 % als Folge aerodynamischer Verbesserungen. Mit dieser Entwicklung wandelte sich auch die Bedeutung von Windkanalmessungen. Dienten sie anfänglich lediglich zur Nachbestätigung von im Flugversuch ermittelten Werten, wurden sie immer mehr unentbehrlich für eine systematische Forschung vor dem Bau von Prototypen und vor deren Ersterprobung. Größer werdende und damit in der Herstellung aufwendigere Flugzeuge hatten diese Wandlung befördert, die ökonomische Komponente und Kapazitätsfragen gewannen rasant an Bedeutung. Diese Entwicklung hatte natürlich Auswirkungen auf die ingenieurbaumäßige Gestaltung der Windkanäle.

Die Bauausführung am Beispiel des Großen Windkanals der DVL (vgl. Kapitel 4.1.3):

Der im Auftrag der DVL erbaute röhrenförmige Große Windkanal wurde in der Zeiss-Dywidag-Schalenbauweise mit einer Betonwandstärke von lediglich 7,00 cm errichtet. Diesem Bau ging die Errichtung eines Kleinen Windkanals (1,2-m-Kanal) im Maßstab 1:5 voraus, der neben seiner wissenschaftlichen Zweckbestimmung quasi als Probebau diente.

Das Zeiss-Dywidag-Verfahren ist der Vorläufer des heutigen Spritzbetonverfahrens für Ingenieurbauwerke aus Spritzbeton nach DIN 18551. Es beinhaltet die Herstellung einer tragfähigen Gitterstruktur aus vorgefertigten Moniereisenstrukturen, die durch ein engmaschiges Drahtnetz (Stütznetz) verstärkt wer-

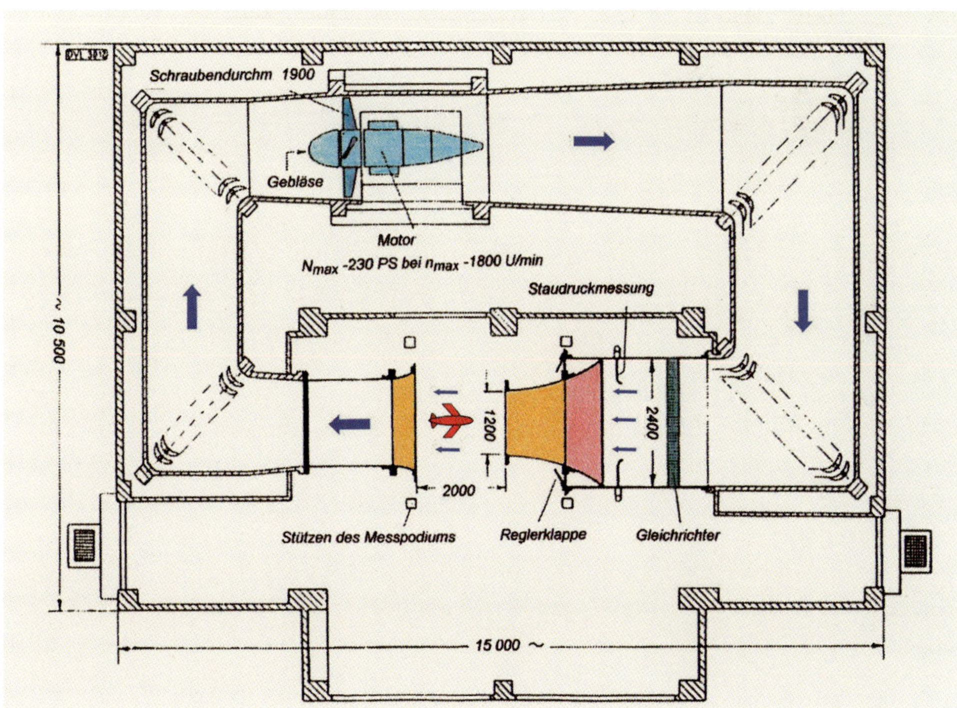

Prinzipskizze des Kleinen Windkanals (1,2 m) der DVL.

Setzen der Holzschalung für den Großen Windkanal, vorn die Moniereisen für die Umlenkeinrichtung.

den. Nach der Bodenverdichtung und dem Setzen notwendiger Fundamentstrukturen erfolgte die Errichtung einer tragfähigen einseitigen und exakt den Vorgaben folgenden Schalung, zu der damaligen Zeit in Holzbauweise gefertigt. Danach folgte das Auftragen von Beton im Trockenspritzverfahren (Torkretverfahren), dem sich das abschließende Abziehen bzw. Glätten anschloss.

Die dadurch erreichte Oberflächengüte war von beeindruckender Präzision und Glätte, eine elementare Voraussetzung für minimale Reibungsverluste der Luftströmung. Das Verfahren wurde 1922 von dem Bauingenieur Franz Dischinger und dem Physiker Walter Bauersfeld entwickelt. Erstmalig wurde dieses Verfahren als „Pfettenloses Eisenbeton-Tonnendach" zum Patent angemeldet und 1926 beim Bau des Planetariums der Zeiss-Werke in Jena von der Baufirma Dyckerhoff und Widman AG (Dywidag) in der Praxis angewendet. Hermann Brenner, Leiter der Bauabteilung der DVL, und sein Stellvertreter Werner Deutschmann setzten dieses Verfahren weltweit zum ersten Mal beim Bau eines Windkanals in Adlershof mit der gleichen Baufirma ein.

Anhand der Fotos vom Bau des GWK kann der Bauablauf rekonstruiert werden. Zuerst wurde die Sektion vom Auffangtrichter bis zum Gebläse sowie des Diffusors als Stahlbetonbau errichtet. Danach wurde die gesamte Röhre komplett gefertigt, und es folgte der Bauabschnitt des Gebläses, aufgesetzt auf ein eigenes Fundament.

Nur die Antriebssektion verfügt über ein massives Stahlbetonfundament, während die freitragende Röhre der Luftführung unter den Umlenkeinrichtungen auf Stahlbetonstützen ruht, die teilweise bewegliche Stahlrollenlager besitzen. Nur beim Ein- und Austritt der Röhre stützen sich diese auf die Fundamente der Messhalle ab. Abschließend wurden die Messhalle wie auch das angebaute Messgebäude für Werkstätten, Labore und Büros sowie soziale Einrichtungen errichtet.

Die Abbildungen zeigen, dass noch der Bauabschnitt des Gebläses sowie die Komplettierung der Röhre mit der Düse und das Messgebäude fehlen. Die Gesamtstruktur ist aber bereits erkennbar.

Dieser Niedergeschwindigkeitswindkanal besteht aus drei Sektionen, die getrennt gelagert sind. Die erste beginnt hinter dem Gebläse und verläuft bis einschließlich zur Düse; die zweite beginnt am Auffangtrichter und verläuft bis zum Gebläse, und die dritte ist das Gebläse selbst. Letzteres ist körperlich von den beiden anderen Sektionen getrennt, damit sich auftretende Schwingungen der Antriebseinheit nicht auf den dünnwandigen Rohrkörper fortpflanzen können. Die Trennfugen sind als Gleitfugen mit einer Bleiauskleidung ausgeführt und dienen gleichzeitig zur Kompensation der Wärmedehnung. Der an die Gebläsesektion anschließende Diffusor erforderte äußerste Sorgfalt bei der Bauausführung. Sein optimaler Öffnungswinkel von 4,6° (halber Öffnungswinkel, bezogen auf die Kanalachse) verhinderte die Strömungsablösung und somit die irreversible Wandlung von Bewegungs- in Wärmeenergie infolge Reibung.

Moniereisengeflecht beim Bau des Großen Windkanals der DVL.

Torkretieren am Großen Windkanal.

Baufortschritte am Großen Windkanal. An der rechten Seite die Lücken für das Setzen der Umlenkeinrichtungen, hinten die Mündung des Luftauslasstrichters, vorn die Lücke für die Fertigung der Antriebseinheit. Messhalle und Messhaus fehlen noch.

Setzen der Schalung für eine der Umlenkeinrichtungen.

Die oval ausgeführte Röhre des Diffusors vor der durch Kriegseinwirkung beschädigten ersten Umlenkeinrichtung nach der Antriebssektion.

Blick aus dem Luftauffangtrichter durch die Messhalle auf die Vorsatzdüse.

Messhalle mit Versuchsanordnung und Luftauffangtrichter.

Luftauffangtrichter im Bau.

Die gewählten Abmessungen ermöglichten es, neben Flugzeugmodellen auch Bauteile in Originalgröße bis zu einer Spannweite von 4,5 m zu vermessen. Deshalb erfolgte im Diffusor der allmähliche Übergang von einem kreisrunden in einen elliptischen Querschnitt, dessen größere Öffnungsweite sich in der Horizontalen befindet. Es konnten auch luftgekühlte Triebwerke bis zu einer Leistung von 650 PS/478 kW vermessen werden. Formgebung von Düse und Auffangtrichter wurden durch Modellversuche ermittelt. Der Querschnitt der Hauptdüse ist eine horizontal angeordnete Ellipse mit den Achsen 6 m und 8 m und einer Strahllänge von 11 m. Die aus zwei Stahlsegmenten bestehende Vorsatzdüse, die nach oben und unten zu- bzw. aufgefahren werden konnte, verringerte den Düsenquerschnitt auf die Achsenmaße 5 m und 7 m und die Strahllänge auf 9 m. Mit offener Vorsatzdüse konnten maximal 55 m/s in der Messstrecke erreicht werden, mit geschlossener Vorsatzdüse 65 m/s.

Der ungewöhnlich groß dimensionierte Auffangtrichter dient zur einwandfreien Aufnahme des Luftstrahls auch der großen 6 x 8-m-Düse. Seine großen Öffnungen am Fuße ermöglichten einen stoßfreien Abfluss der vom Strahl mitgerissenen Nebenluft, ohne unerwünschte Nebenwirkungen wie Längsschwingungen in der Kanalröhre („Pumpen" des Kanals) oder wesentliche Druckanstiege in der Messstrecke entstehen zu lassen. Die Längsschwingungen treten auf, wenn die Randzone des Freistrahls auf die Kante des Trichters trifft. Der Trichter muss deshalb so geformt sein, dass die Randzone erst im Innern des Trichters auf dessen Wandung trifft.

Das Gebläse, angetrieben von einem 2.000-kW-Drehstromkurzschlussmotor, lag mittig aufgeständert und stromlini-

Gleichrichter an der letzten Umlenkeinrichtung vor der Eintrittsdüse.

Gebläse mit Motor, Antriebspropeller und Luftleiteinrichtung.

Der soebenfertiggestellte Große Windkanal (1934). Vorn die solide Ausführung der Umlenkeinrichtungen mit Rollenlagerfundament, dahinter das Fundament der Antriebssektion mit der geschlossenen Klappe der Montageöffnung. An den Innenseiten der beiden Betonständer die Dehnfugen zwischen Antriebsblock und Röhre. ▸

Die zugemauerte Düsenöffnung vor der Messhalle des Großen Windkanals mit den Halterungen für den Gleichrichter und das Feinsieb (beide Vorrichtungen sind ausgebaut) sowie die noch erhaltenen Messrohre des Askania-Klappenreglers. Deutlich sichtbar ist die Ableitungsöffnung für die Restluft am gesamten Düsenumfang.

enförmig verkleidet in der Luftrückführung. Der Motor trieb eine achtflüglige Verstellluftschraube (hydraulisch geregelt) mit einem Durchmesser von 8,5 m an. Direkt hinter der Luftschraube befand sich ein sechsflügliger Leitapparat zur Beseitigung des Luftschraubendralls. Durch die Anordnung des Gebläses in der Luftrückführung verkürzte sich die Rohrlänge. Die größte Dimension der Röhre wurde vor dem Eintritt in die Düse mit 10 x 14 m erreicht.

Die Luftleiteinrichtungen sind in den Umlenkungen fest installiert, die durch starke Stahlbetonrahmen ausgesteift sind. Die 90-Grad-Umlenkung der Strömung führt unweigerlich zu Turbulenzen und erheblichen Energieverlusten. Fest in den Umlenkungen eingebaute Profilgitter wirkten dem entgegen. Die Hinterkanten der Umlenkeinrichtungen bestehen aus dünnem Stahlblech und dienen zur verlustarmen Feinkorrektur der Strömung und zur Vermeidung eines Strömungsabrisses. Wie sich in der Praxis zeigen sollte, war diese Feinkorrektur nur an der letzten Umlenkung vor dem Gebläse notwendig.

Zwischen den beiden letzten Umlenkungen vor der Düse lagen drei Entlüfterklappen. Wurden diese geöffnet, so blies ein Teil der Druckluft ins Freie ab, während gleichzeitig der Luftstrom Frischluft ansaugte (Ejektorprinzip). Insbesondere bei Versuchen mit Benzinmotoren war eine ständige Frischluftzufuhr notwendig. Im Beruhigungsraum (Düsenvorkammer) vor der Düse war vor dem Sieb der Gleichrichter angeordnet. Er bestand aus 9.000 Rundrohren mit einem Durchmesser von 120 mm und einer Länge von 800 mm. Dadurch erhöhte sich die Richtungsgenauigkeit des Luftstrahls. Zudem hatten die Erfahrungen des 1,2-m-Kanals gezeigt, dass durch diese Einengung eine wesentliche Verminderung der Strömungsturbulenz erreicht wurde.

Hinter dem Gleichrichter unmittelbar vor der Düse sorgte ein Sieb aus Drahtgeflecht mit einer Drahtstärke von 2,5 mm und einer Maschenweite von 13 mm für eine weitere Einengung der Bewegungsmöglichkeit der Luftmoleküle und verminderte noch vorhandene Restturbulenzen. Über der Düse in der Düsenvorkammer, an der Stelle des höchsten Druckes, befanden sich Schlitze für den Austritt komprimierter Nebenluft. Dieser Auslass wurde durch einen Askania-Strahlrohrregler selbsttätig gesteuert, wodurch in der Messstrecke eine konstante Luftgeschwindigkeit gewährleistet war. Alle Bausektionen waren in der oben beschriebenen Stahlbetonbauweise gefertigt. Nur die Vorsatzdüse war als Stahl-Schweißkonstruktion ausgeführt.

Die Qualität der Bauausführung war auch ein entscheidender Faktor, dass der Adlershofer Große Windkanal bei seiner Inbetriebnahme 1934 weltweit einen der besten Turbulenzgrade aufwies.

4.

Die deutschen Windkanäle

4.1 Die Windkanäle der Großforschungseinrichtungen

4.1.1 MVA/AVA Göttingen

Windkanal II

Wie Prandtl in seiner Publikation „Ergebnisse der Aerodynamischen Versuchsanstalt zu Göttingen (I. Lieferung)" 1923 selbst schrieb, wird es manchem „vielleicht verwunderlich sein, daß eine den Interessen der Luftfahrttechnik in erster Linie gewidmete Anstalt in einer stillen Universitätsstadt entstanden ist, fern von allen Plätzen des Luftverkehrs". In Göttingen gab es jedoch günstige Bedingungen dafür, in recht kurzer Zeit jene wissenschaftlichen Grundlagen zu schaffen, die mithalfen, Deutschland auf dem Gebiet der Theorie des Fliegens schnellstmöglich an das Niveau von Großbritannien und Frankreich heranzuführen. Wie bereits erwähnt, galten aufgrund der Favorisierung des Luftschiffes in Deutschland folgerichtig auch die ersten Strömungsforschungen unter der Regie der „Motorluftschiff-Studiengesellschaft" in Göttingen dem Widerstands- und Strömungsverhalten von Luftschiffkörpern. Dabei griff Prandtl auf seine bereits vorher durchgeführten Versuche im Wasserströmungskanal zurück und sah vor, diese Ergebnisse und Erfahrungen auch auf die Untersuchungen im Luftstrom anzuwenden. Erste Ergebnisse der Übertragbarkeit konnten bereits in einfachen Versuchsanordnungen nachgewiesen werden.

Zur Schaffung einer größeren Anlage waren naturgemäß eine Reihe von Voraussetzungen zu erfüllen, neben den finanziellen auch die personellen. Es lag in der Natur des Vorhabens, dass für dieses neue Wissenschaftsgebiet noch relativ wenig Fachleute zur Verfügung standen. Prandtl rekrutierte einen seiner ehemaligen Schüler, Dipl.-Ing. Georg Fuhrmann, und beauftragte ihn damit, die Vorbereitungsarbeiten für einen kleinen Windkanal zu übernehmen. Fuhrmann war erfolgreich und wirkte bis 1912 als erster Assistent Prandtls. Fuhrmanns Tätigkeit in der und für die aerodynamische Forschung – er war ab 1912 Leiter der Physikalischen Abteilung der neu gegründeten DVL in Adlershof – endete übrigens auf recht tragische Weise. Wie eine ganze Reihe der für Deutschland so wichtigen Wissenschaftler und Techniker aus Forschungs- und Lehranstalten wurde auch er nach Kriegsausbruch einberufen und fiel nach wenigen Tagen am 4. September 1914 bei Chapelle aux Bois in Belgien.

Prandtl formulierte weit entfernt vom patriotischen Stil jener Zeit einen Nachruf, in dem er die Rolle von Fuhrmann für die Forschung wissenschaftlich nüchtern ausdrückte und hervorhob, dass „sein Tod […] einen schweren Verlust für die flugtechnische Forschung" bedeutet. Aus dem gesamten Nachruf ist durchaus herauszulesen, dass er die Einberufung von Wissenschaftlern an die Front als kontraproduktiv ansah. Erst Anfang 1915 sah man es von Seiten der Heeresführung als sinnlos an, gerade jenes Personal an der Front zu verheizen, welches eigentlich für eine erfolgreiche Kriegführung in der Heimat, im Forschungsbereich unabdingbar war.

Blick auf das Gebäude des ersten Windkanals der MVA um 1914.

Modell eines Luftschiffes der Bauart Zeppelin im Kleinen Windkanal der MVA.

Georg Fuhrmann (1883–1914).

Im Jahr 1908 konnte der erste deutsche Windkanal im provisorischen Gebäude der von 1907 bis 1912 unter dem Namen „Modellversuchsanstalt der Motorluftschiff-Studiengesellschaft“ (MVA) firmierenden späteren AVA in Betrieb genommen werden.

Die Investitionssumme betrug 20.000 Mark. Bei einem Querschnitt von 2 x 2 m (achteckige Düse) wurde mittels eines Elektromotors von 25 kW eine Strömungsgeschwindigkeit von 10 m/s erreicht. Der angezeigte finanzielle Rahmen konnte übrigens nur eingehalten werden, weil der Elektromotor nicht angekauft werden musste, sondern leihweise zur Verfügung gestellt worden war. Die Messungen erfolgten in einer geschlossenen Messstrecke mit einer quadratischen Düse von 1,96 x 1,96 m. Es war auch der erste Kanal weltweit mit einer geschlossenen Luftführung, deshalb auch die Bezeichnung Bauart Prandtl bzw. Göttingen. Hervorzuheben ist, dass bereits dieser Kanal über einen Gleichrichter und ein Sieb für eine hohe Qualität der Luftströmung verfügte, Bauteile, wie sie bis heute in fast allen Windkanälen zu finden sind. Es sollte sich aber doch recht schnell herausstellen, dass dieser Kanal aufgrund seiner geringen Leistungsfähigkeit nur sehr eingeschränkt brauchbar war. Inzwischen hatte sich auch, bereits vor dem Krieg in

Ansätzen vorhanden, die Erkenntnis durchgesetzt, dass nicht das Luftschiff, sondern das Flugzeug das entscheidende Element in der Kriegführung sein würde. Mit Errichtung des größeren Windkanals im Jahr 1917 kam die Frage auf, wie mit dem alten Kanal weiter zu verfahren wäre. Da er immer noch in Betrieb war und trotz seiner Mängel Erkenntnisse lieferte, entschloss man sich, ihn in ein neues Gebäude umzusetzen und weiter in Betrieb zu halten, um ihn nicht zuletzt auch für Lehr- und Studienzwecke verwenden zu können. Gleichzeitig erfolgte auch der Umbau dieses Windkanals, quasi seine Modifizierung, um ihn zukunftstauglich zu machen. Durch Einsatz einer Zusatzdüse – diese Variante fand später bei vielen anderen Kanälen Verwendung – konnte die Luftstromgeschwindigkeit auf maximal 30 m/s gesteigert werden. Die neue Düse mit einem achteckigen Querschnitt hatte jetzt einen Durchmesser von 1,2 m und mündete nunmehr in eine offene Messstrecke. Der Luftstrom wurde nach der Messstrecke durch einen Auffangtrichter aufgefangen und in die Antriebseinheit zurückgeführt. Damit war dieser Kanal nach seiner Bauart und Wirkungsweise eine kleine Ausführung seines „großen Bruders" von 1917. Mit einer elektrischen Widerstandsschaltung und durch Einbau eines Spannungsteilers konnte das neu konzipierte Gebläse in unterschiedlichen, wenn auch eingeschränkten Drehzahlbereichen gefahren werden, sodass die Luftstromgeschwindigkeit in Grenzen variierbar war. Dieser Kanal diente auch für Untersuchungen, die einen besonderen Aufwand beim Aufbau der Versuchsanordnung erforderten, welche beim großen Kanal zu unnötigen Betriebspausen geführt hätten. Neu war, dass mittels Einblasen von Salmiaknebel Strömungsverhältnisse optisch sichtbar gemacht werden konnten. Da der kleine Kanal vorwiegend in Holzbauweise ausgeführt war und weniger und einfachere Messinstrumente Verwendung fanden, traten an ihm nur wenige Korrosionsschäden auf.

Windkanal I

Die Bezeichnung ist etwas irreführend, war doch der Windkanal von 1908 der erste Kanal in Göttingen. Nach seiner Modernisierung und einer zwischenzeitlichen Unterbringung in der Hildebrandtstraße bezog dieser seine neue Unterkunft im Haus 2, direkt neben dem an der Böttingerstraße befindlichen Haus 1, und wurde von da an als Windkanal II bezeichnet. Nach einer kriegsbedingten längeren Dauer der Bewilligung der Mittel für den Neubau von Haus 1 und einer schwierigen, durch Mängel am Bau gekennzeichneten Phase konnte Windkanal I das erste Mal am 7. März 1917 in Betrieb genommen werden. Allerdings gelang dies nur mit der Unterstützung des Reichsmarineamts, das die notwendigen finanziellen Mittel für die Verdoppelung der Antriebsleistung durch Ankauf eines neuen Motors (Hersteller war Siemens-Schuckert) mit einer Leistung von nunmehr 220 kW bereitstellte.

Der Windkanal von 1917 kostete mit 200.000 Mark bereits das Zehnfache des ersten Kanals, er hatte jetzt im Gegensatz zum ersten einen kreisförmigen Querschnitt von 2,25 m Durchmesser. Die Luftstromgeschwindigkeit erreichte 55 m/s, neben einer geschlossenen Luftführung Göttinger Bauart besaß er eine offene Messstrecke. Die Besonderheit bestand darin, dass er im Gegensatz zum alten Kanal eine vertikale Luftführung besaß, die den Vorteil hatte, dass die Messstrecke von beiden Seiten zugänglich war. Er war im Bereich der Luftführung vollständig in Eisenbetonbauweise ausgeführt, auch die Umlenkschaufeln. Zur Messung der ermittelten Werte kam eine Drei-Komponentenwaage, ab Herbst 1917 eine Sechs-Komponentenwaage zum Einsatz. Zur Glättung und Gleichrichtung des Luftstroms wurden ein Gleichrichter aus parallel angeordneten glatten und gewellten Blechstreifen im Luftstrom vor dem Eintritt in die Düse sowie ein Sieb nach dem Gleichrichter eingebaut. Das Gebläse besaß die Form eines Flugzeugpropellers mit vier Blättern. Der Antrieb erfolgte über eine direkt angeflanschte Welle, die zum nach außen liegenden Antriebsmotor führte. Neu war, dass die Versuchseinrichtungen auf fahrbaren Gestellen „vorgefertigt" wurden und über eine Drehscheibe und ein Gleis direkt in den Messbereich eingefahren werden konnten. Die Vorbereitung der Versuche erfolgte in einer witterungsunabhängigen direkt angebauten Halle in den Abmessungen von 12 x 34 m, die von der Straße aus befahrbar war. Die ersten Strömungsmessungen wurden an Originalteilen von Flugzeugen vorgenommen.

Sowohl Windkanal I als auch II wurden, ununterbrochen bis 1945 in Betrieb, auf Weisung der britischen Militärbehörden 1948 abgerissen.

Luftschrauben-Windkanal (Kanal IV)

An dieser Stelle eine Anmerkung zur Nummerierung der Windkanäle der MVA und späteren AVA. Sie ist und war wohl vor allem für den außenstehenden Betrachter etwas verwirrend. In keiner Zeit des Bestehens dieser Einrichtung war diese jemals konstant in Bezug auf die Verwendung römischer und arabischer Ziffern bei den Kanälen. Es wurde teilweise willkürlich gewechselt, oftmals sogar mehrmals im Jahr. Dies hing zusammen mit der (ebenfalls willkürlichen) Nummerierung der Kostenstellen, aus denen die Forschungsarbeiten der einzelnen Kanäle finanziert wurden. Um Irrtümer zu vermeiden, finden im vorliegenden Text römische Ziffern Verwendung.

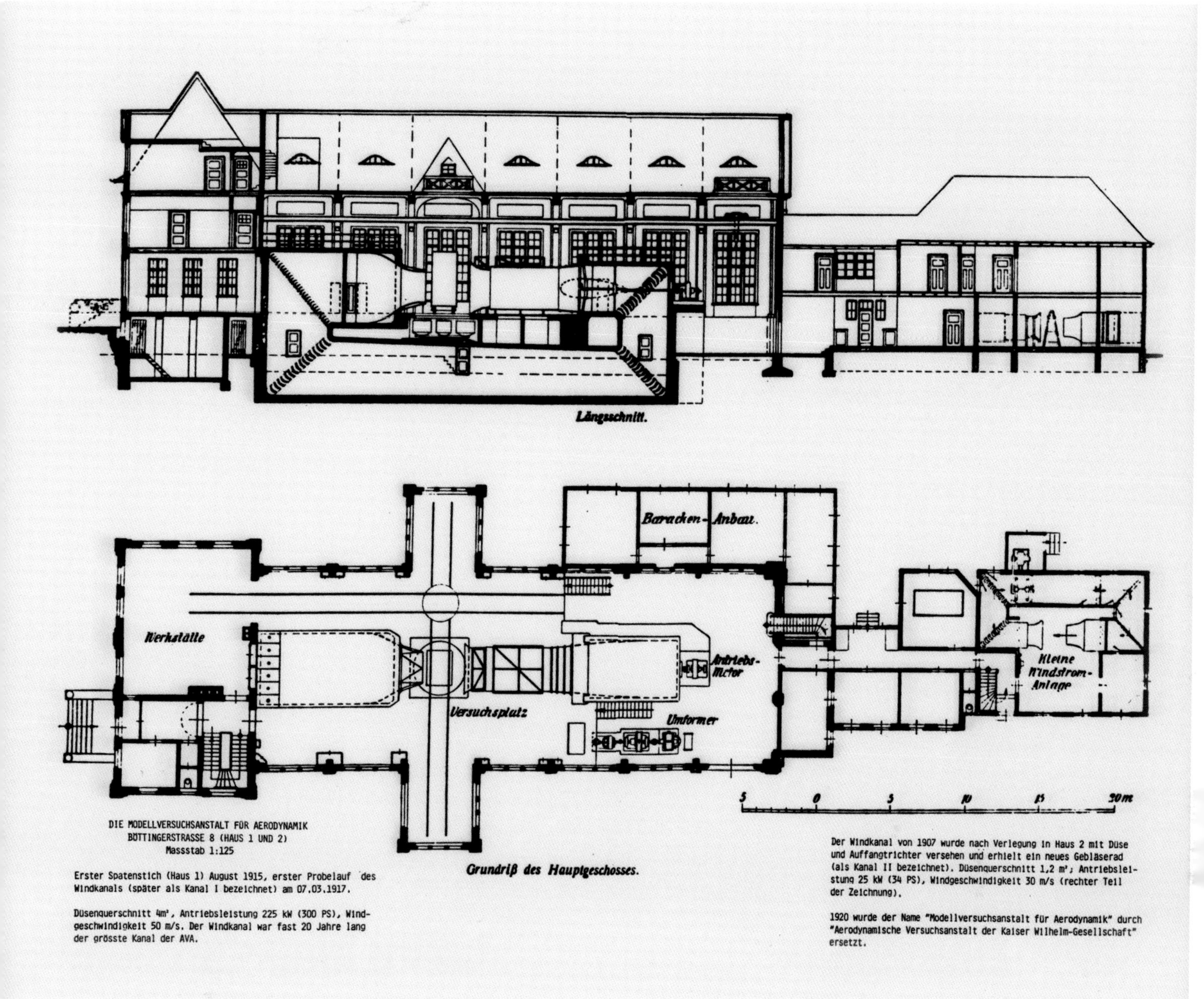

Plan des Gebäudes 1 der Modellversuchsanstalt für Aerodynamik, in dem der neue Windkanal I installiert wurde.

Mit Ende der Inflation und Aufhebung des Bauverbots für Flugzeuge gab es einen erheblichen Nachholbedarf für die Luftfahrtforschung. Die AVA stand vor der Notwendigkeit der Ausweitung der Kapazitäten. Dies war von einiger Dringlichkeit, da Windkanal II keinesfalls mehr für Versuche zu verwenden war, die höheren Anforderungen genügten. Wegen finanzieller Zwänge und aufgrund der Veränderungen in den Ansprüchen an die aerodynamische Forschung zog man es gar nicht erst in Erwägung, einen Zwillingsbruder von Windkanal I noch einmal zu errichten. Eigentlich war es beim Stand des Flugzeugbaus jetzt notwendig geworden, einen neuen Kanal zu errichten, der größere Abmessungen im Messbereich besaß, es also ermöglichte, Modelle größerer Dimension zu untersuchen. Damit wäre ein erheblicher Kostenanstieg unvermeidbar gewe-

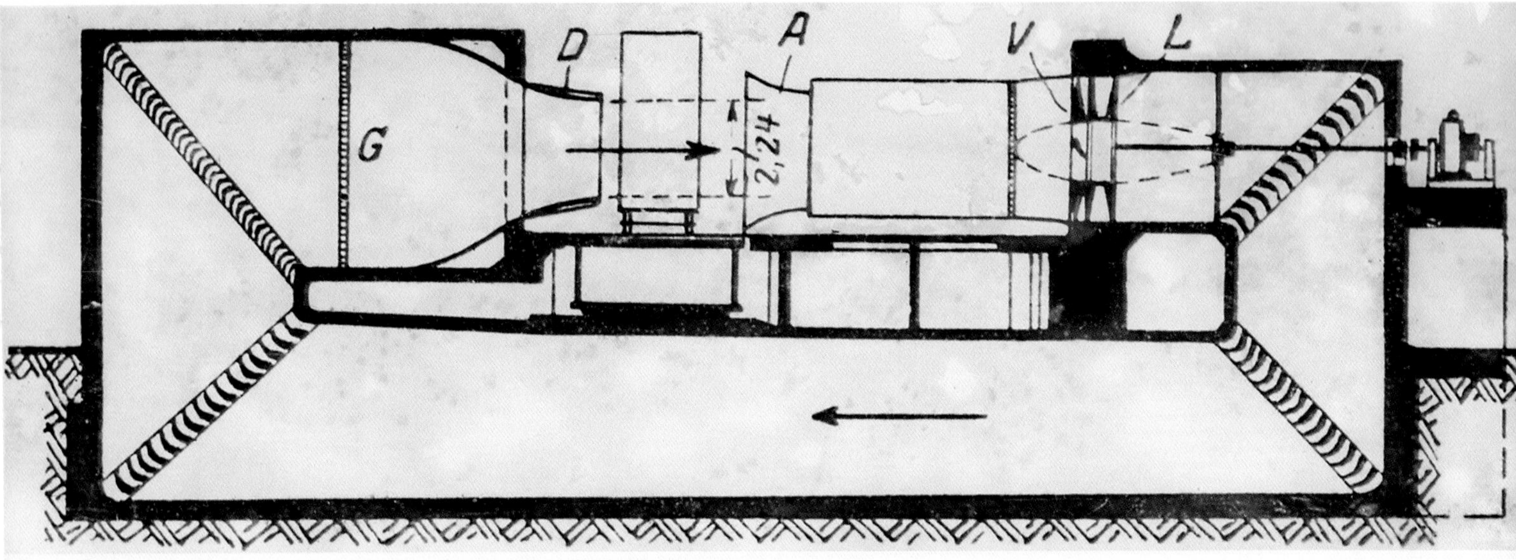

Schnittzeichnung des Windkanals I im Gebäude 1 der MVA.

sen, dieses Geld stand allerdings nicht zur Verfügung. Ein Ausweg bestand darin, einen Kanal zu bauen, der bei relativ kleinen Abmessungen hohe Luftstromgeschwindigkeiten ermöglichte. Nunmehr sollte der Forschungsgegenstand auf die Untersuchung von Modellpropellern ausgerichtet werden. Da sich die Blattspitzen bei den damals verwendeten Propellern bereits im Schallbereich (ca. 330 m/s) bewegten, war eine Windgeschwindigkeit von etwas über 100 m/s im Kanal ausreichend, da das Verhältnis von Fluggeschwindigkeit zur Blattspitzengeschwindigkeit etwa 3 bis 5 beträgt.

Grundsätzlich gesehen bestand die Dringlichkeit für eine solcherart Forschung bereits seit den Anfangstagen der Fliegerei. Bis hin zum Flugapparat „Libelle“ von Hans Grade bestanden die Flugzeugpropeller eigentlich nur aus einer Art Paddel mit schräggestellten Blättern.

Der Wirkungsgrad war schlecht, die Einstellung des Anstellwinkels der Blätter lag in der Hand des Konstrukteurs und des Mechanikers. Erst die DVL sollte kurze Zeit nach ihrer Gründung ab 1912 über einen eigenen Prüfstand für Propeller verfügen. In Vorbereitung der Internationalen Luftschiff-fahrt-Ausstellung 1909 in Frankfurt wurde Prandtl von deren Organisatoren gebeten, eine Prüfanlage für Luftschrauben zu fertigen. Für einen dementsprechenden Wettbewerb während der Ausstellung hatten sich 48 Bewerber gemeldet. Mit seinen Mitarbeitern entwickelte Prandtl an der MVA kurzfristig eine interessante Versuchsanlage, einen schienengebundenen Versuchswagen. Die zu vermessenden Propeller wurden von einem fest installierten 100-PS-Verbrennungsmotor angetrieben. Diese Versuchsanordnung ermöglichte auf der zur Verfügung stehenden 360 m langen Messstrecke die Erfassung der Werte Schub, Drehzahl, Windgeschwindigkeit und Zeit. Nach der Ausstellung transportierte man diesen Messwagen nach Göttingen und fand für ihn 1911 ein in privater Hand befindliches Gleis im 20 km entfernten Arenshausen, welches mitbenutzt werden konnte.

Prandtl ernannte den mit dem Problem bereits vertrauten Albert Betz, den späteren Leiter der AVA, zum Chef der neuen Luftschraubenprüfstelle. Zahlreiche Propeller wurden bis zum Beginn des Ersten Weltkrieges untersucht, dann wurden diese Versuche eingestellt und nach Kriegsende auch nicht wieder aufgenommen. Die Prüfstelle wurde im Mai 1920 aufgelöst, der Versuchswagen abgerüstet und an die Reichsbahn verkauft und dort für Materialtransporte im Ausbesserungswerk Göttingen verwendet. Der Mangel einer entsprechenden Prüfeinrichtung wurde immer sichtbarer, die Dringlichkeit wuchs besonders mit der Aufhebung der Versailler Vertragsbestimmungen spätestens ab 1925 immer stärker an.

Der grundlegende Aufbau des neuen Luftschrauben-Windkanals, der 1928 in Betrieb ging, entsprach im Prinzip dem der Anlage von Kanal I. Es war wieder ein Kanal mit geschlossener Luftführung, aber mit wahlweise offenem oder geschlossenem Messbereich. Der Antrieb erfolgte nunmehr über zwei Antriebsräder mit jeweils vier Flügeln. Auch war die Anordnung des Antriebs jetzt nicht mehr nach der Messeinheit ausgeführt, sondern erst nach der zweiten Umlenkeinrichtung, da hier durch

Paddelluftschraube an einem Nachbau der „Libelle" von Hans Grade.

die niedrigere Luftgeschwindigkeit auch die Drehzahl des Antriebs niedriger gehalten werden konnte. Der Antriebsmotor war erneut außerhalb positioniert und trieb über eine Welle beide Laufräder direkt an. Die Kanalführung war achteckig ausgelegt, die Messeinrichtung besaß auswechselbare Düsen im Durchmesser von 1 bis 1,5 m. Der Antriebsmotor verfügte über eine Leistung von 165 kW. Damit konnte bei einem Düsendurchmesser von 1,5 m ein Luftstrom von bis zu 81 m/s, bei der Düse mit 1 m Durchmesser ein Luftstrom von bis zu 121 m/s erzeugt werden. Eine Besonderheit des Kanals bestand darin, dass er mit niedrigerem Luftdruck gefahren werden konnte, um bei den Versuchen auch verschiedene Flughöhen zu simulieren. Deshalb waren besondere bauliche Maßnahmen vorgesehen.

Aus Festigkeitsgründen wurde der achteckige Querschnitt gewählt, zudem erfolgte die Ausführung in Eisenbeton, der auf den Innenseiten mit Feinbeton ausgekleidet war, aufgespritzt mittels Druckluft im sogenannten neuen Torkretverfahren. Diese Methode, aus den USA stammend, war noch relativ jung und in Deutschland gerade erst in der Einführungsphase. Zusätzlich wurde der Kanal innen und außen mit Inertol gestrichen. Mit diesen Maßnahmen konnten auch die Festigkeit und die Luftdichtheit des Kanals gewährleistet werden. Schließlich war es notwendig, die Messkammer ebenfalls luftdicht abzuschließen. Zu diesem Zweck wurde ein zweiteiliges teleskopartiges Rohr mit einem Durchmesser von 2,25 m eingebaut, welches im ausgefahrenen Zustand die Kanalenden am Eingang und am

Luftschraubenprüfwagen der MVA mit der Mannschaft der Prüfstelle bei Ahrenshausen.

Maschinenhalle des Luftschraubenwindkanals IV der AVA.

Ausgang der Messkammer luftdicht abschloss. Die Drehzahlregelung erfolgte mittels eines Leonardumformers, dessen Gleichstromteil eine stufenlose Drehzahlregelung des Antriebsmotors ermöglichte. Eine Sechs-Komponentenwaage diente der Erfassung der Messwerte.

Windkanal VI

Nachdem bereits 1932/33 ein erheblicher, vor allem personeller Ausbau der AVA erfolgt war, wurde mit der Trennung der AVA vom KWI für Strömungsforschung im Mai 1937 Erstere vollkommen neu strukturiert. Insgesamt gliederte sich die AVA ab dem 1. Januar 1939 in acht Institute. Die Windkanäle wurden in einem eigenen Institut zusammengefasst. Auch begann ab 1936 auf dem Gelände in Göttingen ein umfangreiches Bauprogramm. Bereits im Herbst 1935 standen finanzielle Mittel des RLM für den Bau eines neuen Windkanals (Kanal VI) zur Verfügung, der größere Abmessungen und eine höhere Leistungsfähigkeit als die bisherigen Anlagen aufwies. Dieser Kanal war vollkommen in Stahlblechbauweise errichtet und variierte vom kreisförmigen bis zum elliptischen Querschnitt. Am Düseneintritt in den Messbereich erreichte dieser 7 m in der Breite und 4,7 m in der Höhe. Die erreichbare Windgeschwindigkeit betrug in dieser Konfiguration ca. 55 m/s, beim Vorsatz einer Düse mit den Abmessungen von 5,5 m x 4,0 m ca. 66 m/s.

Die Besonderheit dieses Kanals bestand u. a. darin, dass er mit Über- und mit Unterdruck gefahren werden konnte. In diesem Regime konnte die Messstrecke ebenfalls mit einem Rohrstück luftdicht abgeschlossen werden. Die Antriebsleistung betrug nunmehr mit 2.260 kW nahezu das zehnfache von Kanal IV. Es kamen Drei- und Sechs-Komponentenwaagen zum Einsatz. Erwähnenswert ist, wenn auch nur am Rand zum Thema gehörend, dass mit diesem Kanal auch die Vermessung von Fahrzeugen entsprechend den Forderungen des Forschungsrates für das Kraftfahrwesen erfolgte. Hier ist besonders der sogenannte Schlörwagen erwähnenswert. Dieser sehr strömungsgünstig ausgelegte Pkw wurde auf dem wesentlich geänderten Chassis eines Serienfahrzeuges von Mercedes-Benz mit dem 1,7-Liter-Heckmotor aufgebaut. Interessant ist, dass

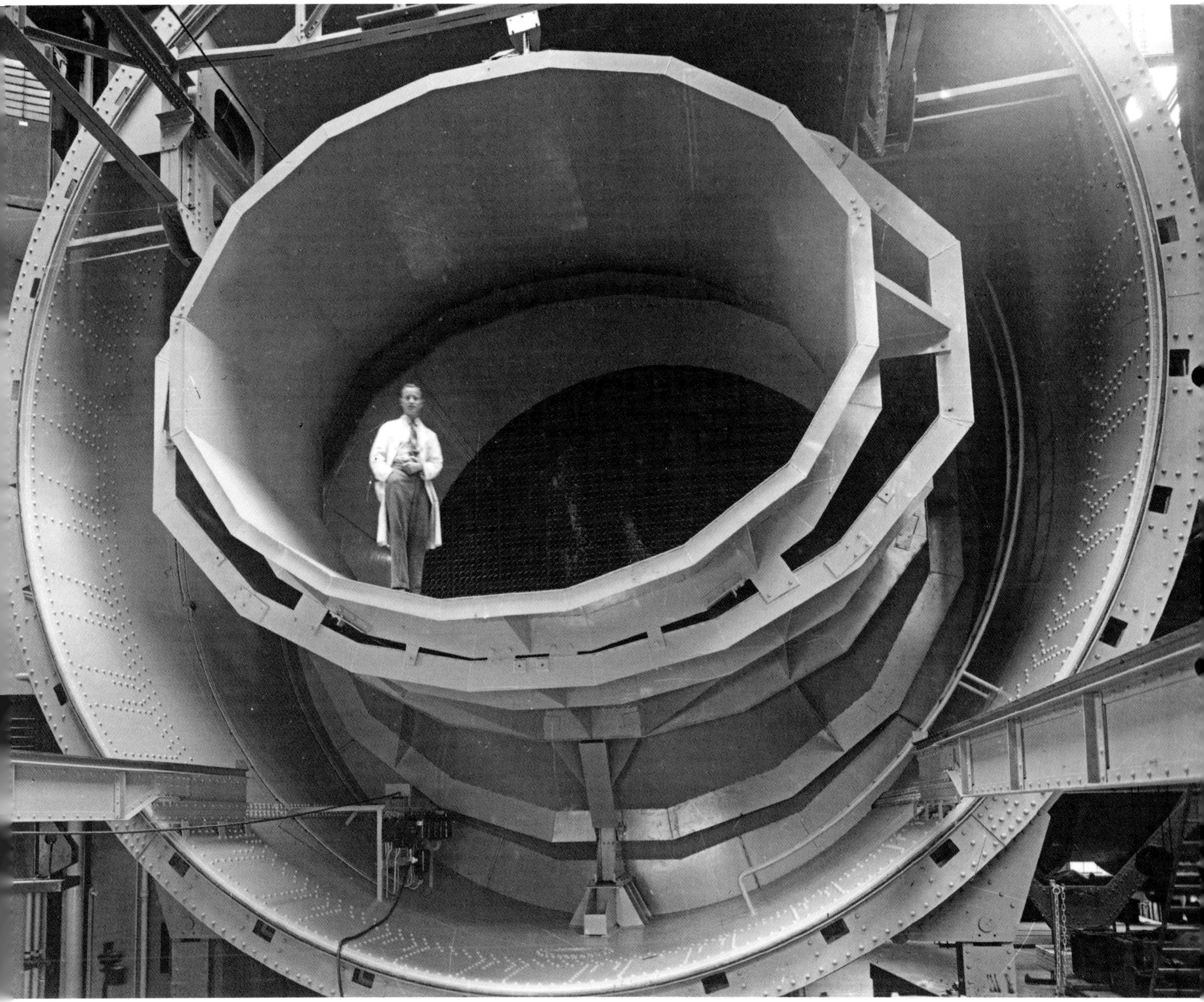

Düsenöffnung von Windkanal VI der AVA.

für die Karosserieform die bei der AVA getesteten neuartigen Flügelprofile 570 und 571 Pate standen. Der Entwurf stammte von dem Ingenieur Karl Schlör von Westhofen-Dirmstein, der Bau erfolgte durch die Firma Gebrüder Ludewig aus Essen. Der Wagen besaß eine Karosserie aus Aluminium und wurde auch als „Göttinger Ei“ bekannt.

Sein Strömungswiderstandskoeffizient cw von 0,186 war als sensationell zu bezeichnen, normal waren damals 0,38 bis über 0,6. Diese Versuche dienten auch der Vorbereitung der Windkanalmessungen der Rennwagen von Mercedes-Benz und Auto-Union in der DVL. Im weiteren Verlauf des Ausbaus der Forschungsanstalt entstanden außer zwei Kältewindkanälen zwei weitere Kanäle für den Bereich bis bzw. über Mach 1. Einer dieser Kanäle wurde 1940 fertiggestellt und stand für die Hochgeschwindigkeitsforschung im Bereich zwischen M 0,45 und M 0,95 zur Verfügung. Ausgeführt war er in französischer Bauart mit einer offenen Messstrecke (in einer luftdichten Messkammer) mit einem Durchmesser von 0,215 m. Mittels Kompressoren mit einer Leistung von 3 x 50 kW wurde ein Vakuumkessel luftleer gepumpt, dessen Öffnung mittels Schlagventil eine Messdauer von 20 sek. ermöglichte. Interessant ist, dass mit diesem Kanal die experimentelle Pfeilflügelforschung begann. Die Entwick-

Der Schlörwagen, auch als „Göttinger Ei“ bezeichnet. ▲

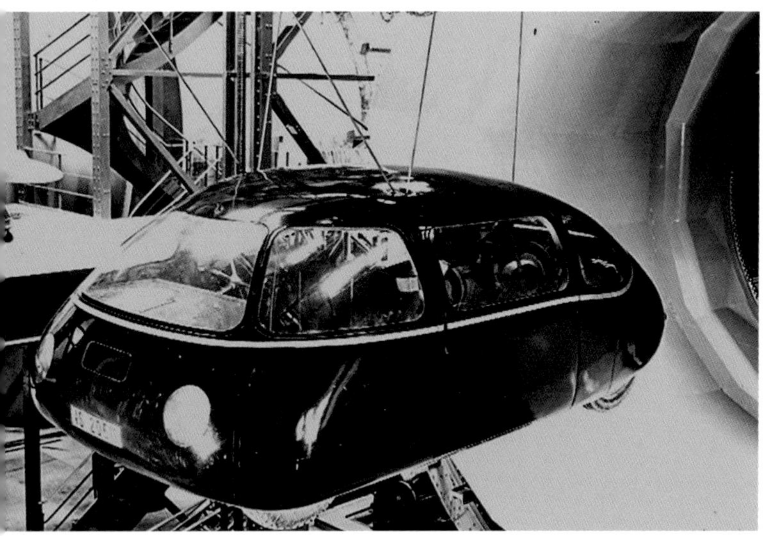

Der Schlörwagen im Windkanal der AVA.

Adolf Busemann (1901–1986).

lung des Pfeilflügels ist auf Adolf Busemann zurückzuführen, der anlässlich der 5. Internationalen Volta-Tagung 1935 in Rom zum Thema „Aerodynamischer Auftrieb bei Überschallgeschwindigkeit“ referierte und zur Veranschaulichung das Prinzip der Flächenpfeilung skizzierte, dem Vernehmen nach das erste Mal auf einer Papierserviette beim Essen.

Selbst einer der renommiertesten Aerodynamiker seiner Zeit, Theodore von Kármán, gestand später ein, dass er dem damals keine Aufmerksamkeit geschenkt hatte. Erst Albert Betz konnte 1939 an der AVA in ersten Windkanaluntersuchungen diese doch recht schlüssige These bestätigen, dass mit der Veränderung der Tragflächengeometrie eine Erhöhung der Flugge-

Modell der Ju 287 im Windkanal VI der AVA.

schwindigkeit bis an die Schallgrenze möglich sein müsste. Bis dahin zeigten die Messergebnisse gerader Tragflächenvorderkanten, dass oberhalb von etwa M 0,6 die Widerstandswerte so groß werden, dass die Erzielung höherer Fluggeschwindigkeiten nur mit übergroßen Triebwerksleistungen möglich würde. Das zeigte sich u. a. eindrucksvoll am Beispiel des in nur wenigen Stückzahlen gebauten Jagdflugzeuges Dornier Do 335, welches mit zwei Triebwerken in Tandemanordnung von je 2.000 PS Startleistung bis max. 775 km/h ausgeflogen wurde. Trotz günstigster aerodynamischer Auslegung und Güte war hiermit der

Das Kalibergwerk der Burbach-Kali AG in Reyershausen.

Teilansicht von Tark 2.

Dampfstrahl-Hochgeschwindigkeitswindkanal B 3 mit geschlossener Messstrecke.

Grenzbereich erreicht. Betz meldete den Pfeilflügel unter der Patentnummer „Geheim 732/42“ an und ließ als Mitinhaber Adolf Busemann eintragen. Die ersten echten Pfeilflügel wurden allerdings bis Kriegsende in Deutschland nur an der Fla-Rakete Feuerlilie wie auch am Düsenbomber Junkers Ju 287 mit negativer Pfeilung realisiert.

Das Experimentalflugzeug Messerschmitt P 1101 mit am Boden verstellbarer Pfeilung und die DFS 346 von Siebel konnten nicht mehr fertiggestellt werden. Alle diese Geräte wurden durch die Alliierten erbeutet und dienten als Grundlage für eigene weiterführende Forschungen und Entwicklungen. Der zweite Windkanal wurde 1939 in Betrieb genommen und stand der Forschung im Überschallbereich von Mach 1,2 bis 3,2 zur Verfügung. Er diente allerdings vorwiegend für Untersuchungen von Geschossen unterschiedlicher Art. Auch dieser besaß eine offene, aber ebenfalls luftdicht abgeschlossene Messstrecke mit einem quadratischen Querschnitt von 0,13 m. Auch hier kam ein Vakuumspeicher mit gleicher Pumpenleistung von 3 x 50 kW zum Einsatz, wobei die erzielbare Messzeit zwischen 8 bis 15 sek. betrug.

Die Windkanäle der AVA in Reyershausen

Mit Beginn des Zweiten Weltkrieges setzte erneut eine Entwicklung ein, wie sie bereits 1914 die Forschungslandschaft beeinflusst hatte. Einerseits wurde eine erhebliche Zahl von Mitarbeitern zum Wehrdienst eingezogen, andererseits stiegen die Forderungen an die Forschung in starkem Maße an. In Göttingen selbst waren weder flächen- noch bauliche Kapazitäten frei, um Neubauten errichten zu können. Ab 1940 bestand einer der Auswege darin, in den besetzten Gebieten Polens, Norwegens und Frankreichs die dort zur Verfügung stehenden Kapazitäten zu nutzen. Im weiteren Verlauf wurden enge wissenschaftliche Kontakte zu weiteren Forschungseinrichtungen in Frankreich (z. B. bei Hispano-Suiza in Colombes bei Paris) und beim Nationaal Luchtvaartlaboratorium (NLL) in Amsterdam geknüpft und die dortigen Windkanäle verwendet. Bis 1944 unterhielt die AVA u. a. in Paris und Amsterdam eigene Außenstellen. Das Drängen des Technischen Amtes des RLM, besonders aber von Seiten Görings und der Luftwaffenführung nach schnelleren und leistungsfähigeren Flugzeugen, hatte natürlich Auswirkungen auf die Arbeit der Forschungseinrichtungen. Zudem führten Schwingungsprobleme mit Kanal VI in Göttingen zur Forderung, einen neuen, möglichst turbulenzarmen Kanal zu errichten. Aufgrund der genannten Probleme in Göttingen war das 1941 über die Luftwaffe eingehende Angebot der Burbach-Kali AG, oberirdisch gelegene Gebäude eines stillgelegten Kalibergwerks in Reyershausen zu erwerben und für den Einbau von Windkanälen zu nutzen, hochwillkommen.

Auch trug die Nähe zu Göttingen zu diesem Entscheid bei. Unverzüglich wurde mit den Planungsarbeiten begonnen. Unter Nutzung des Gebäudes der ehemaligen Salztrennungsanlage begann darin die Installation eines als „Tark 2“ bezeichneten Niedergeschwindigkeitswindkanals. Ebenso wurden die Bauarbeiten am Neubau eines Dampfstrahlwindkanals für den schallnahen Bereich mit der Bezeichnung B 3 in Angriff genommen. Ein geplanter Untertage-Überschallwindkanal im Salzspeicher III konnte bis Kriegsende nicht mehr fertiggestellt werden. Das scheiterte bereits 1943, da sich die BBC als Produ-

Die ehemalige Halle der Salztrennungsanlage in Reyershausen, in die Tark 2 eingebaut wurde.

zent des Gebläses aufgrund von Zulieferengpässen außerstande sah, dieses zu fertigen.

Tark 2

Dieser Kanal war als Niedergeschwindigkeitswindkanal ausgelegt und in französischer Bauart ausgeführt. Er besaß eine geschlossene Messstrecke mit einem Durchmesser von 3,0 m und einer Länge von 8 m. Ein Gleichstrom-Leonardsatz trieb ein einstufiges Laufrad an, welches eine Luftstromgeschwindigkeit von 100 m/s erzeugte.

Kanal B 3

Dieser Hochgeschwindigkeitswindkanal mit Dampfstrahlantrieb diente vor allem der industrienahen Forschung und ging 1943 in Betrieb. Versuchsgegenstand waren vorwiegend Luftschrauben, auch gegenläufige sowie gegendrehend als Sturzflugbremse ausgelegte wie auch besagte Pfeilflügeluntersuchungen. Ausgerüstet war dieser Kanal mit einer geschlossenen Messstrecke mit einem Durchmesser von 0,77 m, die maximale Luftstromgeschwindigkeit betrug M 0,95, aus einem Dampfstrahlspeicher von 180 m^3 erzeugt.

Modell des Gebäudes für den Hochgeschwindigkeitswindkanal B 3.

4.1.2 DFL/LFA Braunschweig-Völkenrode

Im Oktober 1936 begannen nach einer einjährigen Planungsphase die Bauarbeiten zur Errichtung einer neben der AVA und DVL weiteren Großforschungseinrichtung, der „Deutschen Forschungsanstalt für Luftfahrt" (DFL), die bereits 1938 in „Luftfahrtforschungsanstalt Hermann Göring" (LFA) umbenannt wurde. Bereits nahezu unmittelbar nach der Machtübernahme durch das NS-Regime 1933 wurde deutlich, dass Deutschland durch konsequente Berücksichtigung der Belange des Luftschutzes schon zu diesem Zeitpunkt militärische Auseinandersetzungen mit in das Kalkül einbezog. Dieser Prämisse unterlagen auch alle relevanten Forschungsbereiche. Die gesamte Anstalt wurde in ein Waldgebiet hinein projektiert, die Dächer sollten die Baumwipfel nicht übersteigen und die Gebäude zur Vermeidung von Schlagschattenbildungen in ihrer Längsachse möglichst in Nord-Süd-Richtung angelegt werden. Auch die Anlage des Flugplatzes Völkenrode, mitten im Gelände der Anlage liegend, und die Nähe zur Technischen Hochschule wiesen auf die praxisorientierte Sichtweise des Entwurfsteams hin. Insgesamt standen 60 Millionen Reichsmark zur Verfügung, mit denen ca. 80 Gebäude für die DFL und 400 Wohnungen für das Personal, das bis zum Kriegsende auf rund 1.500 Beschäftigte anwuchs, errichtet wurden. Leiter der DFL wurde Hermann Blenk, der in Göttingen studiert und bei Prandtl promoviert hatte.

Bei der DVL in Adlershof hatte er bis 1936 das Aerodynamische Institut geleitet. Die LFA stand bis zum 12. April 1945 unter seiner Leitung. An diesem Tag besetzten Einheiten der 30. US-Infanterie-Division kampflos die nahezu unbeschädigten Anlagen. Windkanalanlagen entstanden in den Instituten für Aerodynamik (unter der Leitung von Hermann Blenk) und in dem für Gasdynamik (Leitung Adolf Busemann). Ab 1940 betreute das Institut für Aerodynamik auch die Arbeiten im Windkanal von Chalais-Meudon bei Paris und an der TH Warschau, die wie einige andere Standorte in den besetzten Ländern in die deutsche Luftfahrtforschung eingegliedert waren. Das Institut für Gasdynamik hatte neben seinen drei Abteilungen auch die Verantwortung für die Führung der „Außenstelle mit besonderen Aufgaben" im niedersächsischen Trauen inne, der aus Tarnungsgründen sogenannten Flugzeugprüfstelle. In der Nähe des Fliegerhorstes Faßberg gelegen, befasste sich dort u. a. Professor Dr. Eugen Sänger mit der Erprobung verschiedener Arten von Antrieben für zukunftsweisende Flugkörper (Staustrahlantrieb u. ä.).

Er wurde erst später in der Öffentlichkeit durch das Projekt „Silbervogel", den sogenannten Amerikabomber, und durch verschiedene Raumfahrtprojekte bekannt. Bei den Windkanälen der DFL/LFA handelte es sich um insgesamt sieben Anlagen, eine (A 8) erreichte nur die Planungsphase. Die insgesamt sechs fertiggestellten Kanäle waren alle mit einem geschlossenen Luftkreislauf ausgeführt, zwei hatten eine offene Messstrecke (A 1 und A 3), A 9a konnte sowohl mit einer offenen als auch mit einer geschlossenen betrieben werden. Alle Kanäle bis auf A 9 waren bauseitig bis Ende 1939 fertiggestellt.

Hermann Blenk (1901–1995). ▶

Eugen Sänger (1905–1964). ▶▶

Blick in die Messstrecke des Kleinen Windkanals A 1 der LFA.

Windkanal A 1

Der kleine Unterschallkanal A 1 (Fertigstellung 1937) hatte einen Düsendurchmesser von 2,5 m sowie eine maximale Luftstromgeschwindigkeit von 55 m/s bei einer Antriebsleistung von 390 kW. Es standen zwei Düsenvarianten mit kreisrunder bzw. ovaler Ausführung zur Verfügung. Er stand mit der Hälfte seiner Betriebszeit für die Grundlagenforschung zur Verfügung.

In der angewandten Forschung war einer der Arbeitsschwerpunkte die Vermessung von Leitwerken für Flugzeuge und Raketen. Eine besondere Rolle spielte A 1 bei der von der LFA

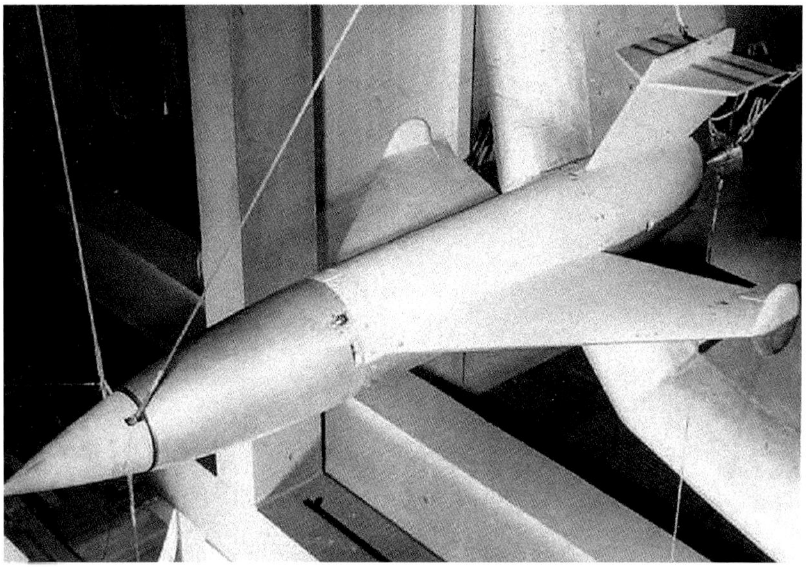

Die Fla-Rakete F 25 Feuerlilie im Windkanal A 1 der LFA.

konstruierten Fla-Rakete Feuerlilie in ihren beiden Ausführungen F 25 und F 55, die sich sowohl in den Abmessungen als auch den Leistungen voneinander unterschieden. Im Auftrag des RLM aus dem Jahr 1941 an die LFA ist formuliert, dass die Anstalt Probleme der Forschung an Fla-Raketen in das Programm aufzunehmen habe. Dies geschah bzgl. der aerodynamischen Untersuchungen bei beiden Typen (die F 55 wurde als überschallschnelle Rakete auch im Kanal A 2 getestet) und im engen Kontakt mit dem Hersteller Rheinmetall-Borsig.

Fortgeführt wurde dies mit der praktischen Erprobung unter Regie der Heeresversuchsanstalt Peenemünde (HVA) in Leba und auf der Greifswalder Oie.

Windkanal A 2

Der Windkanal A 2 war ein Überschallwindkanal, der erst ab Mitte 1942 mit seiner vollen Leistung von 12.000 kW zur Verfügung stand, obwohl er bereits Mitte 1939 bauseitig fertiggestellt war. Seine Düsenöffnung betrug 2,7 m. Der enorme Strombedarf bedingte es, dass dieser Kanal wie gleichfalls A 9 nur nachts bzw. an Wochenenden betrieben werden konnte. Seine theoretisch mögliche maximal erreichbare Machzahl betrug zwar bis zu M 0,95, aufgrund schlechter Strömungsverhältnisse entsprach die Messgenauigkeit bei hohen Unterschallgeschwindigkeiten jedoch nicht den Anforderungen. Zudem war der Wartungsaufwand für den Betrieb unvertretbar hoch.

Windkanal A 2 der LFA mit geöffneter Messstrecke.

Projektvariante der Ar 234 mit Pfeilflügel im Windkanal A 2 der LFA bei Strömungsversuchen.

Portal der Halle für den Windkanal A 3 der LFA.

Blick in die Messhalle des Windkanals A 3 der LFA mit verschiedenen Versuchskörpern, u. a. den Fla-Raketen Enzian (Mitte) und Feuerlilie (vorn) und der gesteuerten Luft-Luft-Rakete Henschel Hs 298 (links). ►

Propagandafoto einer Messerschmitt Bf 109 im Windkanal A 3 der LFA. Das Flugzeug ist nicht an der Messeinrichtung angeschlossen, sondern hangt am Kranhaken. NS-Parolen sind zu dieser Zeit bereits unverzichtbar.

Mit ihm wurden u. a. Bauteile des Flügelgeschosses Fieseler Fi 103 (V 1) und des ersten Düsenbombers Arado Ar 234 wie auch von Fla-Raketen verschiedener Typen vermessen.

Windkanal A 3

Der von den Dimensionen her größte Windkanal der DFL/LFA war A 3, ein Niedergeschwindigkeitswindkanal mit einer Luftstromgeschwindigkeit bis zu 95 m/s. Seine Antriebsleistung lag bei 8.000 kW, seine Düsenöffnung betrug 8 m. Er trug die Bezeichnung „Hermann-Göring-Kanal".

Mit ihm waren mithin Messungen an Originalteilen bzw. Originalen von Flugzeugen und Flugkörpern möglich, soweit sie im Luftstrom lagen. Dies wird auch deutlich in dem Foto, welches, zu Demonstrations- oder Propagandazwecken angefertigt, eine Messerschmitt Bf 109 in diesem Kanal zeigt. Einerseits übersteigt die Spannweite der 109 mit knapp 10 m die Öffnung der Eintrittsdüse mit 8 m deutlich, zudem ist die Luftströmung im Randbereich der Düse nicht mehr „sauber" (Wirbelbildung) und würde daher die Messergebnisse verfälschen. Andererseits ist das Flugzeug sichtbar an einem Kranhaken aufgehängt, sodass Messungen, die nur durch die Übertragung der entstehenden Kräfte und Momente an die Messwaage (im oberen Deckenausschnitt sichtbar) vorgenommen werden können, objektiv nicht möglich sind.

Hochgeschwindigkeitswindkanal A 6 der LFA, im Vordergrund die Messstrecke.

Dem mit der Materie nicht vertrauten Betrachter wird somit suggeriert, dass das Originalflugzeug natürlich in einem deutschen Windkanal vermessen wird. Tatsächlich konnte dies nur unter Nutzung des bereits erwähnten Kanals in Chalais-Meudon geschehen, dessen Messdüse eine horizontale Breite des zu messenden Objekts bis zu 12 m zulässt. Demzufolge waren erst mit der französischen Technik Messungen dieses „Kalibers" problemlos möglich. Der Kanal A 3 hatte eine besondere Bedeutung für Detailuntersuchungen an sogenannten Flattermodellen. Lange Zeit entzog sich der gefährliche Flugzustand des „Flatterns" vor allem an den Tragflächen jeder rechnerischen Untersuchung. Vor allem Junkers löste dies mit der Fertigung von Modellen, bei denen die Elastizität von Bauteilen nachgebildet wurde und somit eine gefahrlose Untersuchung im Windkanal möglich war.

Der Windkanal A 3 kam auch in der Schubmaximierung des Staustrahltriebwerks des Flügelgeschosses Fi 103 zum Einsatz. Erst mittels dieser Versuche konnte durch eine Verbesserung des Lufteinlasses des Triebwerks die gewünschte Schubleistung erreicht werden. Zudem wurde die Aerodynamik des Geschosses mit und ohne Schub vermessen. Der Windkanal A 3 war bis 1946 im britischen Auftrag weiter in Betrieb und wurde dann abgebrochen.

Windkanäle A 6 und A 7

Die Kanäle A 6, A 7 und A 9 waren Hochgeschwindigkeitswindkanäle. A 6 und A 7 mit jeweils 1.000 kW Antriebsleistung arbeiteten im intermittierenden Bereich, d. h. sie konnten nicht im Dauerbetrieb gefahren werden, sondern waren nur in einem Zeitraum von ca. 20 sek. im Arbeitsregime zu betreiben. Nur in dieser Zeit waren Messvorgänge möglich, da der Luftstrom durch die Messkammer von einem Vakuumkessel angesaugt wurde. Die Abmessungen der Düsen waren bei beiden Kanälen 40 x 40 cm. Die Besonderheit von A 7 bestand darin, den Luftstrom in einem geschlossenen Kreislauf mittels eines Schaltventils und durch den Einsatz einer Düse von 25 x 25 cm etwas länger im Messregime arbeiten zu lassen.

Dieser Kanal war deshalb von besonderer Bedeutung, weil mit ihm Geschwindigkeiten bis Mach 3 erzielbar waren und damit bereits 1939 auf der Grundlage der Theorie von Adolf Busemann Messungen an Pfeilflügeln erfolgreich und ergebnisorientiert durchgeführt werden konnten. Dies übrigens im engen Zusammenwirken und parallel zu gleichartigen Versuchen an der AVA Göttingen.

Windkanal A 8 wurde nicht fertiggestellt, er war nur planungsseitig aufbereitet. Auch er war mit einem geschlossenen Luftstrom geplant und für eine Leistung von 4.000/8.000 kW projektiert. Seine Düsenabmessungen sollten 40 x 40 cm betragen.

Vakuumpumpe für die Windkanäle A 6 und A 7 der LFA.

Windkanal A 9

Durch seine besondere Geschichte nach 1945 hat der Hochgeschwindigkeitswindkanal A 9 über viele Jahre im Fokus auch der Medien gestanden und in der Geschichte der LFA eine besondere Rolle gespielt. Baubeginn war im Oktober 1939, seine Fertigstellung erfolgte Ende 1942. Die Besonderheit seiner Bauart bestand darin, dass er im Prinzip aus zwei parallel angeordneten Windkanälen (A 9a und A 9b) mit vertikalen Messstrecken bestand, die spiegelbildlich angeordnet waren. Ein gemeinsamer Antriebsstrang mit jeweils einem Kompressor, angetrieben durch einen AEG-Gleichstrommotor von 4 MW Leistung für jeden Kanal, ermöglichte einen Betrieb beider Kanäle unabhängig voneinander. Aber es bestand auch die Möglichkeit, per Kupplung mit beiden Kompressoren und somit doppelter Antriebsleistung nur einen Kanal zu betreiben. Die gesamte Antriebseinheit war in einem separaten Maschinenhaus untergebracht und mit einem Gesamtgewicht von ca. 320 t über Spiralfedern nahezu schwingungsfrei gelagert.

Kanal 9a war für schallnahe Geschwindigkeiten ausgelegt. A 9b war dafür ausgelegt, durch eine besonders variable Düsen- und Diffusoreinstellung bis zum 1,5-fachen Schallbereich Messungen zu ermöglichen. Bis Kriegende gelang es nicht, die Kanäle absolut störungsfrei zu betreiben. Vor allem technische Probleme und administrative Animositäten zwischen der Führung des RLM, der Forschung und der Industrie verhinderten dies.

Zentrifugalgebläse für die Windkanäle A 9a und A 9b der LFA.

Die besondere, weit über die Kriegszeit hinausreichende Bedeutung gerade der Braunschweiger Hochgeschwindigkeitskanäle liegt in ihrer Rolle bei der Erforschung der von Adolf Busemann untersuchten Pfeilflügel, die den Hochgeschwindigkeitsflug erst ermöglichten. Als US-Truppen das Gelände nahezu unbeschädigt im April 1945 in Besitz nahmen, waren sie trotz der Kennt-

Theodore von Kármán (1881–1963).

Das zurückgeführte Kompressorteil von A 9 auf dem Gelände des Forschungsflughafens Braunschweig. ▶

nis dessen, woran geforscht wurde und mit welchen Mitteln dies geschah, überrascht über den Umfang und die Ergebnisse dieser Arbeit. Wie bei allen anderen deutschen Forschungseinrichtungen wurde durch die Alliierten äußerst umfänglich Material gesichtet, Arbeitsergebnisse wurden ausgelagert und, soweit machbar, auch Personal in den eigenen Machtbereich umgesiedelt bzw. in Deutschland selbst mit der Weiterführung ihrer Forschungen beauftragt. Die Ergebnisse wurden im militärischen und zivilen Bereich der Siegermächte genutzt. Dies betraf vor allem die Pfeilflügelforschung, die nahezu nahtlos durch die alliierten Luftfahrtindustrien ausgewertet und in der Praxis umgesetzt wurde. Bereits im Dezember 1944 war zum Zweck der Auswertung und Übernahme des wissenschaftlichen Knowhows der deutschen Forschung unter Leitung des US-Fünfsterne-Generals Henry Harley „Hap" Arnold (Oberbefehlshaber der USAAF) eine Gruppe von Experten unter der Bezeichnung SAG (Scientific Advisory Group) zusammengestellt worden. Als Leiter wurde der bekannte ungarisch-amerikanische Physiker und Luftfahrttechniker Professor Theodore von Kármán berufen. Dieser hatte bei Prandtl in Göttingen studiert.

Vom 1. Mai bis zum 20. Juni 1945 weilten sechs Mitglieder dieser Gruppe unter Leitung von Theodore von Kármán in Deutschland und in Österreich, darunter auch in der LFA Braunschweig und in der AVA Göttingen, und trafen dort mit deutschen Experten, u. a. mit Prandtl, zusammen. Mitglied dieser Gruppe war auch Hsue-Shen Tsien (heutige Schreibung Qian Xuesen), einer der Verfasser des im Mai 1946 veröffentlichten „Technical Intelligence Supplement Reports", auch bekannt als „Tsien-Report". Dies ist ein Bericht über den Stand und die wesentlichsten Inhalte und wichtigsten Anlagen der deutschen Luftfahrt- und Raketenforschung.

Wie der Kanal A 9 wurden auch die anderen Kanäle unter alliierter Aufsicht am alten Standort vorerst weiterbetrieben. Bereits nach anderthalb Jahren wurde A 9 unter Hinzuziehung deutscher Experten und mittels Einsatz deutscher Kriegsgefangener mit nahezu allen Anlageteilen abgebaut und per Flugzeug und Schiff in die britische Großversuchsanstalt RAE Bedford (Royal Aircraft Establishment) verbracht.

Die gesamte britische Operation lief unter dem Decknamen „Surgeon" (Chirurg). In Bedford wurde der Kanal in einer neuen Halle wieder aufgebaut, allerdings nicht mehr mit einer vertikalen Messstrecke, sondern in der konventionellen horizontalen Bauweise. Auch hierbei erfolgte die Erzeugung des Luftstroms mit den beiden Kompressoren wie in der LFA, allerdings mit einer Veränderung der Düsenausführung. Dies ermöglichte den Betrieb bis hin zu etwa Mach 2 und die Fortführung der Pfeilflügelversuchsreihe wie unter Busemann. Die Bezeichnung des Kanals lautete jetzt RAE 3ft x 3ft SWT (Supersonic Wind Tunnel). RAE Bedford wurde 1994 außer Betrieb genommen und stand über fast zehn Jahre still. 2004 legte man sich darauf fest, die Versuchsanlagen zu demontieren und zu verschrotten. Noch rechtzeitig gelang es einigen britischen Wissenschaftlern, Braunschweig über das Vorhaben zu informieren. In Abstimmung mit der beauftragten britischen Abbruchfirma

Die ehemalige britische Forschungsanstalt RAE Bedford.

stellte diese ein Zeitfenster von einer Woche zur Verfügung. In dieser Zeit konnte wenigstens ein „Souvenir“ des ehemaligen A-9-Kanals, die Druckspirale und der Zeiss-Spiegel, quasi in einer „Nacht-und-Nebel-Aktion“ abgebaut und per LKW in die alte Heimat zurückgeführt werden. Dies war dank der Unterstützung des DLR, des Deutschen Museums München und der Firma Schencker kostengünstig möglich.

Heute ist die Druckspirale auf dem Gelände des DLR-Standortes Forschungsflughafen Braunschweig als Zeugnis wissenschaftlicher Arbeit der Öffentlichkeit zugänglich.

4.1.3 DVL Berlin-Adlershof

Ludwig Prandtl war der Initiator und der führende Kopf der systematischen wissenschaftlichen Forschung auf dem Gebiet der Luftfahrt und legte mit einem Gutachten über die Schaffung einer „Reichsversuchsanstalt für Luftschiffahrt" die Grundlage für die Gründung der „Deutschen Versuchsanstalt für Luftfahrt" (DVL), die am 20. April 1912 in Adlershof bei Berlin erfolgte.

Dass die Wahl gerade auf diesen Standort fiel, ist ohne Zweifel der Existenz des seit dem 26. September 1909 bestehenden Flugfeldes, gelegen zwischen Johannisthal und Adlershof, zu verdanken. Die dort wachsenden fliegerischen Aktivitäten führten zunehmend dazu, dass der Platz zum wichtigsten Zentrum des deutschen Flugzeugbaus und in Teilen auch der Zulieferindustrie wurde. Dies waren die besten Grundlagen, um auch die Luft-

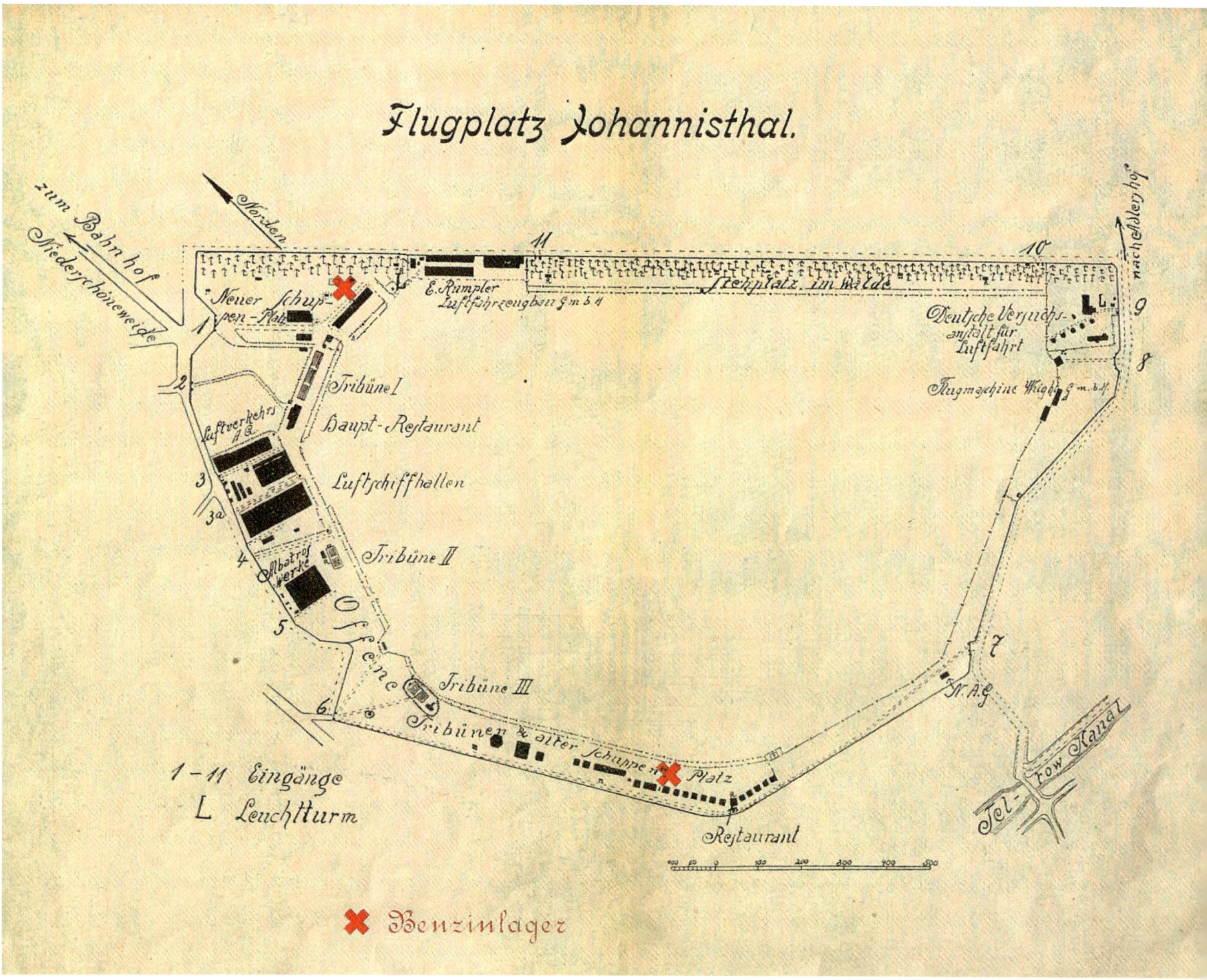

Das Flugfeld Johannisthal/Adlershof um 1912, rechts oben das Gelände der DVL.

fahrtforschung, zumal in Zeiten zunehmender internationaler Spannungen, hier anzusiedeln. Als der Erste Weltkrieg dann dem Flugzeug „die Unschuld nahm“, war Johannisthal/Adlershof zu einem Zentrum der deutschen Luftrüstung geworden. Etwa 13.000 von insgesamt 47.000 in Deutschland während des Krieges gebauten Militärflugzeuge wurden hier gefertigt und eingeflogen. Hersteller wie Ago, Albatros, LVG, LFG und Rumpler waren die wichtigsten Produzenten in dieser Zeit. Die Kapazitäten der DVL wurden zügig ausgebaut, anfänglich orientiert auf die Erprobung von Flugmotoren, aber nur kurze Zeit später zunehmend ausgeweitet auf aerodynamische Untersuchungen von Flugzeugen. Werkstätten, Labors und Versuchsanlagen wie Motorenprüfstände und ein erster Windkanal entstanden, wie damals üblich, in überwiegendem Maße in Holzbauweise.

Ab 1914 übernahmen die Militärs das gesamte Areal, die DVL diente unter der Bezeichnung „Prüfanstalt und Werft der Fliegertruppe“ ausschließlich militärischen Erfordernissen.

Nach dem Kriegsende und unter den restriktiven Bestimmungen des Versailler Vertrages war die deutsche Luftfahrt in all ihren Teilbereichen zum Niedergang verurteilt, das galt natürlich auch für die Tätigkeit der DVL und den Standort insgesamt. Trotz aller Widrigkeiten kämpfte die DVL um einen erneuten Ausbau ihrer Kapazitäten. 1925 bestand sogar die Gefahr ihrer Schließung, auch gab es Überlegungen zu ihrer Verlagerung nach Berlin-Britz bzw. Stuttgart. Mit der Lockerung der Versailler Bestimmungen sah sich Deutschland gezwungen und in der Lage, mit dem Ausbau von Forschungs- und Produktionskapazitäten den Rückstand schnellstmöglich wettzumachen. Eine Verlagerung oder gar eine Schließung blieb vor allem aus Kostengründen eine Illusion. Die DVL konnte an ihrem Standort in der nach wie vor praxisnahen Forschung und Erprobung und im Rückgriff auf die wissenschaftlichen Kapazitäten der Hauptstadt trotz aller Unwägbarkeiten und trotz weiterschwelender Diskussionen um eine Standortverlagerung die alte Position zurückgewinnen und weiter ausbauen. Bereits ab 1932 entstand in Adlershof eine vollkommen neue Infrastruktur. Die nationalsozialistischen Machthaber hatten die Bedeutung der Luftfahrtforschung vor allem für die Luftrüstung erkannt und nahmen massiven Einfluss auf die weitere Entwicklung der DVL. Wie bereits im Ersten Weltkrieg gerieten deren Kapazitäten zunehmend und nahezu ausschließlich in militärische Verfügungsgewalt und dienten den Erfordernissen der neuen deutschen Luftwaffe. Die größtenteils ambivalente Haltung der Wissenschaftler unterstützte dies in wesentlichem Maße. Die DVL hatte unbestritten einen wesentlichen Anteil daran, dass nach Kriegsende die Alliierten nach Aus- und Verwertung ihrer Kriegsbeute die Einschätzung treffen konnten, dass Deutschland in der Luftrüstung und in der Raketenentwicklung einen technologischen Vorsprung erzielt hatte, der mehrere Jahre betrug.

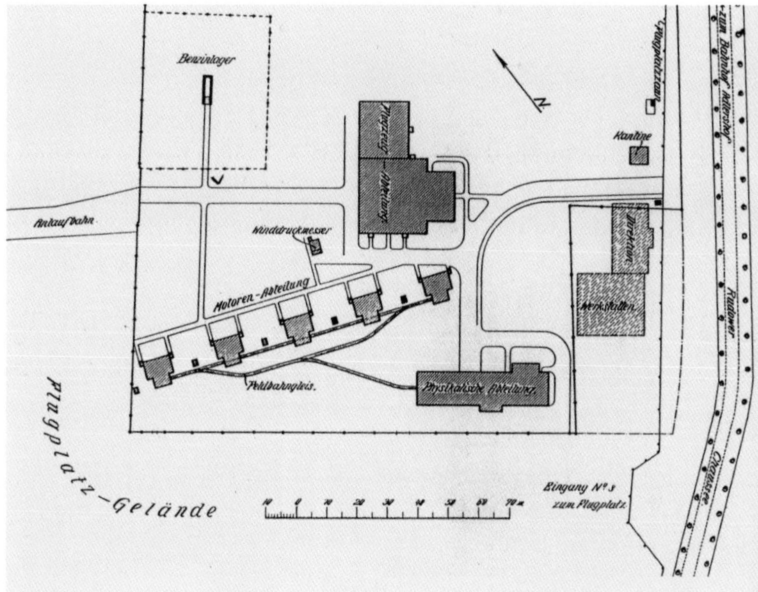

Lageplan der DVL um 1913.

Eine Werkstatt der Prüfanstalt und Werft der Fliegertruppe im Ersten Weltkrieg.

Der erste Windkanal der DVL um 1920.

Kleiner Windkanal 1913–1925

1913 entstand der erste Adlershofer Windkanal, eine Aufgabe für die Physikalische Abteilung, der er zugeordnet war. Dieser Kanal arbeitete nach dem Eiffelschen System mit einer Unterdruckkammer bei einer Strömungsgeschwindigkeit von 50 m/s und einem Durchmesser von 76 cm.

Nach dem Ersten Weltkrieg hatte das Kyffhäuser-Technikum Frankenhausen Interesse angemeldet, diesen Kanal für ihre neue Sektion Luftfahrt zu erwerben, um sowohl die Lehrtätigkeit zu unterstützen wie auch angewandte Forschung zu betreiben. Aufgrund verschiedener Problemlagen zerschlug sich aber das Vorhaben. Der Windkanal brannte im Jahre 1925 mit einem Großteil anderer Anlagen ab.

Kleiner Windkanal 1932–1945

Der neue kleine Windkanal wurde 1932 als erster leistungsfähiger Windkanal der DVL erbaut. Er arbeitete als Anlage des „Göttinger Typs". Die gesamte, waagrecht liegende Luftführung wurde (mit Ausnahme der Düse, des Diffusors, der Beruhigungskammer und Teilen des Auffangtrichters) in Stahlbetonbauweise nach dem Zeiss-Dywidag-Verfahren errichtet. Mit einem Düsendurchmesser von 1,2 m war er auch als 1:5-Modell des bereits geplanten Großen Windkanals am gleichen Standort gedacht und diente deshalb dem Test zahlreicher konstruktiver Details der zukünftigen Großanlage. Das bezog sich beispielsweise auf den Einsatz einer hochgenauen Sechs-Komponentenwaage zur Messung aerodynamisch erzeugter Kräfte und Momente und auf eine besondere Gestaltung der Umlenkschaufeln in den Umlenkecken der Luftführung, die nachträglich eine grobe Strömungskorrektur durch Verstellung der Abströmkanten zuließen. Auch die Stahlbetonbauweise wurde später beim Bau des Großen Windkanals übernommen. Das Gebläse des Kleinen Windkanals wurde durch einen luftgekühlten Gleichstrommotor angetrieben, der maximal 230 PS abgab und mit Hilfe eines Laufrads von ca. 2 m Durchmesser kurzzeitig Strömungsgeschwindigkeiten bis zu 80 m/s in der Messstrecke zuließ. Der Luftstrom ließ sich durch die Veränderung der Motordrehzahl regulieren. Im Kleinen Windkanal wurden zahlreiche Untersuchungen an Flugzeugmodellen bzw. an Einzelkomponenten von Flugzeugen durchgeführt. Andererseits diente er auch der Untersuchung allgemeiner aerodynamischer Fragestellungen. Man untersuchte u. a. den Luftwiderstand von Kugeln zur Bestimmung des Turbulenzgrades der Windkanalströmung, machte Druckverteilungsmessungen an Tragflügeln, bestimmte die Wechselwirkung von Luftschraube und Tragflügel im Luftstrom und führte Versuche zur Aufklärung des Trudelzustands an Tragflügeln mittels rotierender Freistrahlen durch. Dieser Windkanal wurde 1945/46 im Zuge der Verlagerung von Dokumenten und Material in die Sowjetunion verbracht und dient dort weiterhin betriebsfähig der Ausbildung von Studenten.

Mittlerer Windkanal

Die starke Inanspruchnahme des ab 1934 zur Verfügung stehenden Großen Windkanals führte zur Errichtung eines weiteren Niedergeschwindigkeitswindkanals bei der DVL in den Jahren 1936/1937, des sogenannten Mittleren Windkanals. Ausgerüstet mit einer Antriebsmaschine von etwa 390 kW Leistung, waren Strömungsgeschwindigkeiten in der offenen Messstrecke von mehr als 60 m/s erreichbar. Aus den wenigen bisher bekannten Detailinformationen über diesen Kanal geht hervor, dass er mit zwei Düsenanordnungen betrieben werden konnte, einer kreisrunden Düse mit einem Durchmesser von 2,5 m und einer elliptischen Düse mit Abmessungen von 3 m bzw. 2,15 m. Die inzwischen bewährte Bauweise für die Luftführung (Stahlbetonröhre) und die Sicherheit bei der Auslegung der strömungsmechanisch wichtigsten Anlagenkomponenten (Düse, Auffangtrichter, Diffusor, Umlenkecken, Gebläse) machte es möglich, diesen Kanal fast zu gleicher Zeit in ähnlicher Weise in zwei weiteren Anstalten der deutschen Luftfahrtforschung aufzubauen – in der Deutschen Forschungsanstalt für Luftfahrt (DFL) in Braunschweig und in der bereits erwähnten Aerodynamischen Versuchsanstalt (AVA) in Göttingen. Der Adlershofer Mittlere Windkanal diente vornehmlich aerodynamischen Untersuchungen und war aus diesem Grunde mit je einer leistungsfähigen Sechs-Komponenten- und einer Drei-Komponentenwaage ausgerüstet. Dieser Kanal wurde nach 1945 teilweise demontiert und der Baukörper zerstört.

Großer Windkanal

Der in den Jahren 1932 bis 1934 in Adlershof errichtete Große Windkanal gehörte in Anbetracht seiner Leistungsparameter zu den weltweit besten Niedergeschwindigkeitswindkanälen der frühen 1930er-Jahre.

Durch die weitgehende Berücksichtigung von Erfahrungen beim Bau und Betrieb des Kleinen 1,2-m-Windkanals und von Ergebnissen der modernen strömungsmechanischen Forschung erreichte man ausgezeichnete Strömungseigenschaften, insbe-

Der Große Windkanal der DVL kurz nach der Fertigstellung (1936).

sondere einen sehr niedrigen Turbulenzgrad der Strömung in der Messstrecke. Diese war so dimensioniert, dass in der Luftströmung liegende Bauteile von Flugzeugen in Originalgröße (bis 4,5 m Spannweite) auf ihr Widerstands- und Strömungsverhalten hin untersucht werden konnten. Größer dimensionierte Bauteile wie auch ganze Flugzeuge wurden in einer speziellen Modellwerkstatt maßstabsgetreu hergestellt. Die Luftführung wurde weitestgehend in der Stahlbetonschalenbauweise nach dem Zeiss-Dywidag-Verfahren ausgeführt (s. dazu Kapitel 3.3). Obwohl ab 1945 die technischen Ausstattungen der meisten Anlagen, auch die des Großen Windkanals, durch Abtransport in die Sowjetunion verloren gingen, blieben die wesentlichsten Merkmale der Bauausführung erhalten. In einem umfangreichen Bausicherungsverfahren wurde die Betonkonstruktion dieses Kanals von 1998 bis 2000 für weitere Jahrzehnte gesichert. Aufgrund der Empfindlichkeit des Baukörpers und der Anforderungen des Denkmalschutzes kam nur eine Sanierung in Frage. Dazu gehörten die Verfugung des Betonkörpers im Zuge der Sanierung der Rissbildung (Verspachtelung), die Beseitigung statischer Mängel und die Aufbringung des ursprünglichen reflektierenden Schutzanstriches zur Minimierung der Sonneneinstrahlung. Weitestgehend wurde der ursprüngliche Reflexionsanstrich auf Bitumenbasis in Silbergrau wieder hergestellt. Auffallend sind die deutlich sichtbaren Schalungsprofile und deren Maserungen aus den 1930er-Jahren wie auch bewusst beibehaltene Reste des ursprünglichen Anstrichs und des schwarzen Tarnanstrichs der Kriegsjahre. Auch die Abdeckung und Sicherung der provisorischen, von Pionieren der Roten Armee 1945 angebrachten kyrillischen Inschrift am Zutritt zum Antriebssektor „geprüft, keine Minen“ erfolgte in diesem Zeitraum.

Die original erhaltene russische Aufschrift auf dem Sockel der Antriebseinheit des Großen Windkanals der DVL mit Farbresten des ursprünglichen Anstrichs in Silbergrau und Schwarz („Geprüft, keine Minen“).

Das Ensemble der technischen Denkmale der DVL auf dem Campus der Humboldt-Universität zu Berlin, von links: Schalldämpfender Motorenprüfstand, Großer Windkanal und Trudelwindkanal.

Die Messhalle und das gesamte Messgebäude blieben weitestgehend im Originalzustand erhalten. Im Obergeschoss der Messhalle befindet sich das Schülerlabor der Sektion Physik der Humboldt-Universität zu Berlin, in der Messhalle selbst ist eine Ausstellung zur Geschichte der DVL installiert.

Zusammen mit den anderen auf dem Gelände der ehemaligen DVL ausgeführten zahlreichen noch vorhandenen Betonschalenkonstruktionen (Schalldämpfender Motorenprüfstand, Trudelwindkanal, freitragende Flugzeughangars, Motorenhöhenprüfstand) steht dieses Ensemble heute unter Denkmalschutz und ist restauriert in Teilen einer neuen Nutzung zugeführt. Es ist heute als Aerodynamischer Park zentraler Teil des Campus der Humboldt-Universität zu Berlin am Standort Adlershof. Der Große Windkanal kann wie einige andere technische Denkmale zu besonderen Anlässen bzw. mit besonderer Anmeldung besichtigt werden.

Trudelwindkanal

Die Bedeutung der Trudelforschung wurde bei der DVL frühzeitig erkannt. Die zunehmende Zahl von zumeist tödlich verlaufenden Flugunfällen, hervorgerufen durch das Abreißen der Strömung an den Tragflächen in einem überzogenen Flugzustand (z. B. zu hoher Anstellwinkel bei zu geringer Fluggeschwindigkeit) machte es erforderlich, eine systematische und wissenschaftlich fundierte Ursachenforschung zu betreiben,

Der Trudelwindkanal
der DVL um 1938.

Trudelwindkanal – Aufnehmen des im Luftstrom „freifallenden" Modells einer Klemm L 27 durch eine ferngesteuerte Greifvorrichtung nach dem Trudelversuch.

um sowohl konstruktiv als auch für die Pilotenausbildung Abänderungen treffen zu können. Trudelwindkanäle waren in dieser Zeit ebenfalls in Großbritannien (Bedford vertical spin tunnel), in Frankreich (Chalais-Meudon) und in den Vereinigten Staaten (NACA-vertical tunnel in Langley Field und vertical tunnel der Wright-Patterson AFB) vorhanden oder in der Fertigstellung. Alle bisherigen Experimente zuvor hatten darunter gelitten, dass extreme Schwierigkeiten bei der Übertragung von Forschungsergebnissen auf das Verhalten realer Flugzeuge auftraten. Die DVL baute deshalb in den Jahren 1934 bis 1936 einen bis dato einmaligen Trudelwindkanal, der im Normaldruck- und im Überdruckbetrieb gefahren werden konnte und realistische Trudelversuche im Aufstrom des vertikalen Luftstroms zuließ.

Der Überdruckbetrieb erlaubte es, die Luftdichte im Kanal so einzustellen, dass die Einhaltung von Ähnlichkeitsbedingungen erleichtert wurde. Die Klärung dieser Fragen war durch die Bauweise des Kanals gegeben. Der eiförmige Baukörper in Stahlbetonbauweise mit einer durchschnittlichen Wandstärke von 20 cm besaß eine Höhe von ca. 20 m und einen größten Durchmesser von mehr als 12 m. Er umschließt nahezu die gesamte Versuchsanlage. Von einem im oberen Bereich befindlichen Gebläse wurde ein Luftstrom vertikal nach oben gefördert und mittels einer als Diffusor ausgebildeten Rückführung und einer Umlenkung im Bodenbereich einer kreisrunden Düse zugeführt. Es entstand ein vertikaler Luftstrom im Zentrum der Anlage, der ein beim Trudeln mäßig schnell absinkendes Modell tragen konnte und die Beobachtung des Trudelvorgangs auf einer gleichbleibenden Höhe überhaupt erst ermöglichte. Die Sinkgeschwindigkeit der Modelle und die Aufstromgeschwindigkeit des Luftstroms waren präzise aufeinander abstimmbar, sodass mit Hilfe mehrerer Messkameras und intensiver Beleuchtung der Bewegungsablauf beim Trudeln der Modelle kinematografisch festgehalten und später ausgewertet werden konnte. Sicherungsnetze und seitliche Begrenzungswände verhinderten, dass die trudelnden Modelle seitlich, oben oder unten unkontrolliert anstießen und beschädigt wurden. Ein Trudelversuch begann im Allgemeinen damit, dass das Flugzeugmodell mit Hilfe einer Startvorrichtung in Drehung versetzt und dabei die Geschwindigkeit des Luftstroms so lange einreguliert wurde, bis das Modell der Startvorrichtung nicht mehr bedurfte. Da eine Einleitung des Trudelns in dem Kanal nicht möglich war, wurde vor der Modellfreigabe die Lage des Modells und seine Drehgeschwindigkeit im Luftstrom durch einen Getriebemotor vorgegeben. Wenn sich die Fallgeschwindigkeit des Modells und die Geschwindigkeit der aufströmenden Luft gegenseitig aufhoben, begann der Versuch, indem das Modell aus der Vorrichtung ausgeklinkt wurde.

Die Veränderung der Geschwindigkeit des vertikal nach oben gerichteten Luftstroms zwischen ca. 5,5 m/s und 22 m/s erfolgte stufenlos durch Verstellung der Gebläseblätter. Der Durchmesser der Messstrecke betrug 3,75 m, ihre nutzbare Höhe 4,5 m. Eine Auswertung der in diesem Kanal durchgeführten Trudelversuche zeigt, dass ca. 80 % der Ergebnisse in der Realität (Trudelversuche mit DVL-eigenen Versuchsflugzeugen) erfolgreich nachgewiesen werden konnten. Die DVL hat nach Inbetriebnahme des Trudelkanals viele Jahre kaum über Versuchsergebnisse öffentlich berichtet, begründet zum einen sicher durch die extremen Schwierigkeiten im Messbetrieb. Zum anderen hatte man wohl aber auch ein großes Interesse an der Geheimhaltung dieser höchst aktuellen Forschungsresultate. Die technischen Einrichtungen wurden nach 1945 demontiert und in die Sowjetunion verlagert. Wie der Große Windkanal und der Schalldämpfende Motorenprüfstand steht auch der Trudelwindkanal unter

Denkmalschutz und kann zu besonderen Anlässen bzw. mit besonderer Anmeldung besichtigt werden.

Hochgeschwindigkeitswindkanal

Die ständig wachsenden Geschwindigkeiten, insbesondere von Militärflugzeugen, veranlassten die DVL, sich auch mit Versuchsanlagen für die Hochgeschwindigkeitsaerodynamik zu befassen. Bereits in den Jahren 1936 bis 1938 wurde in Adlershof auf dem Nordgelände ein großer, kontinuierlich betriebener Hochgeschwindigkeitswindkanal errichtet, der es gestattete, eine Strömungsgeschwindigkeit nahe Mach 1 zu erreichen.

Es war ein Kanal vom „Göttinger Typ" mit einer geschlossenen Messstrecke. Die Luft wurde durch regelbare Antriebspropeller in den Kreislauf gedrückt. Die beiden Antriebsmotoren für die gegenläufig drehenden Propeller des Gebläses leisteten maximal 12.500 kW.

Außenansicht des Hochgeschwindigkeitswindkanals der DVL.

Die gegenläufigen Antriebspropeller des Hochgeschwindigkeitswindkanals der DVL.

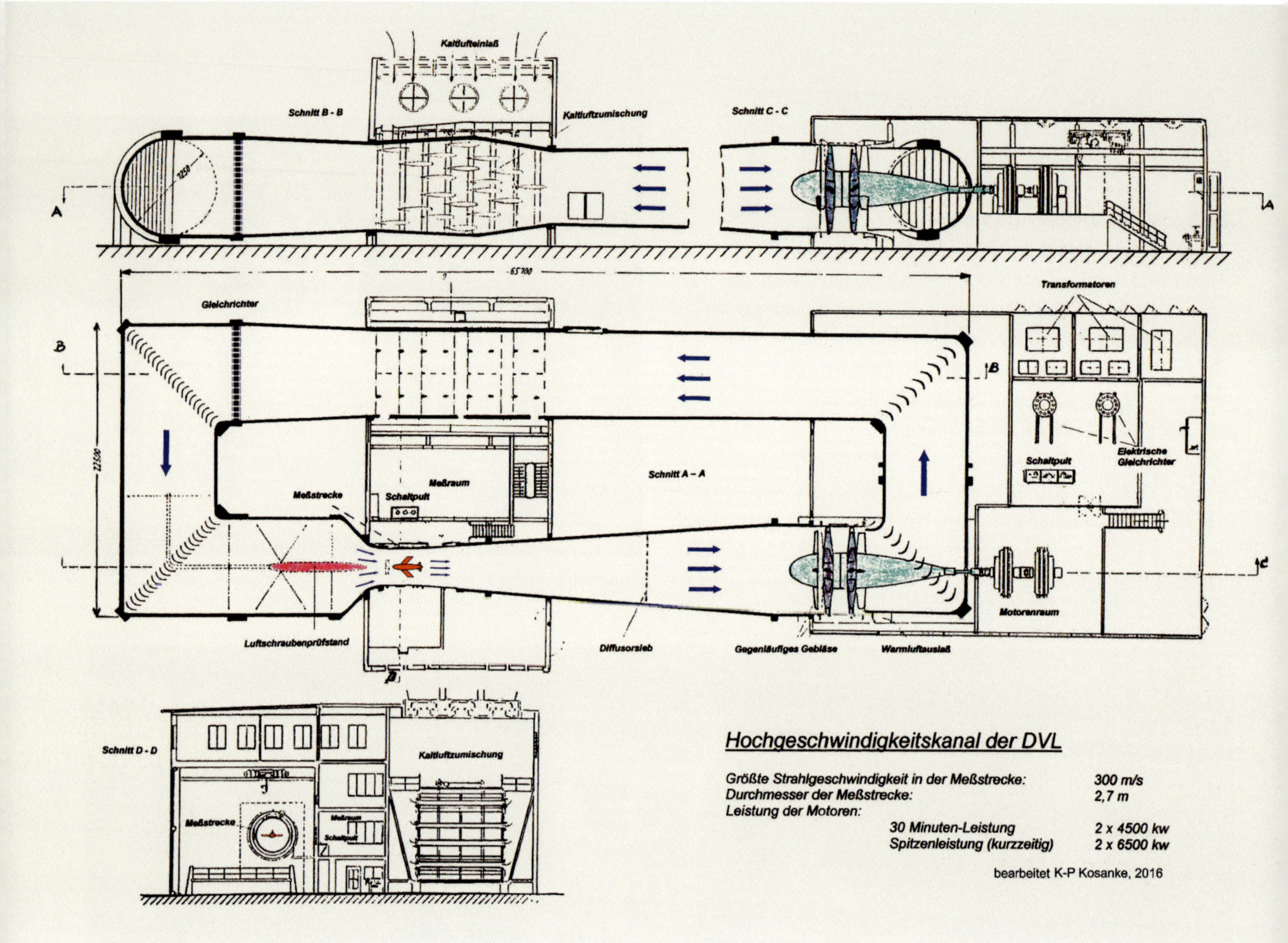

Schnitt durch den Hochgeschwindigkeitswindkanal der DVL.

Zur Stromversorgung stand eine eigene Kabelverbindung vom Kraftwerk Klingenberg nach Adlershof zur Verfügung. Die Luftführung mit einem größten Durchmesser von etwa 7,5 m war ebenfalls aus Stahlbeton gefertigt, lediglich die geschlossene Messstrecke, Teile des Diffusors und die Kanalwandung im Gebläsebereich waren aus Stahl hergestellt. Messstreckendurchmesser und Messstreckenlänge betrugen 2,7 m. Besondere Sorgfalt wurde auf die Herstellung hinreichend glatter Innenflächen des Kanals verwendet. Im leeren Kanal wurde bei Volllast im Messquerschnitt Schallgeschwindigkeit erreicht. Geringfügige Versperrungen des Querschnitts in der Messstrecke (z. B. durch Modelle und Modellhalterungen) ließen die erreichbaren Strömungsgeschwindigkeiten aber deutlich absinken, sodass eine Angabe von Mach 0,9 als charakteristische Geschwindigkeit für diesen Kanal realistisch erscheint.

Die heute bei Windkanälen zur Verminderung des Wandeinflusses übliche Perforierung oder Schlitzung der Messstreckenwände war damals noch nicht bekannt. Das Temperaturregime des Windkanals wurde über eine temperaturgeführte Zumischung von kalter Außenluft eingestellt. Dieser Windkanal wurde ab 1946 teilweise demontiert, so z. B. alle technischen Einrichtungen, der Baukörper wurde in der Folgezeit vollkommen abgebrochen.

Kleiner Windkanal ab 1963

Obwohl streng genommen nicht mehr zum Bestand der DVL gehörend, sei hier erwähnt, dass sich gegen Ende der 1950er-Jahre die Forschungsgemeinschaft der Deutschen Akademie der Wissenschaften zu Berlin, die ab 1949 große Teile des DVL-Südgeländes und später einen erheblichen Teil des DVL-Nordgeländes übernommen hatte, darum bemühte, die experimentelle Strömungsforschung in Adlershof wieder zu beleben. Gedacht war der Aufbau eines kleinen Windkanals für das damalige Institut für Angewandte Mathematik und Mechanik. Direktor war Professor Kurt Schröder, ein ehemaliger Mitarbeiter der DVL. Pikanterweise sollte der kleine Kanal zunächst in der wieder hergerichteten Messhalle des Großen Windkanals untergebracht werden. Für dieses Gebäude gab es aber noch andere Interessenten, sodass der Windkanal 1963 letztlich in einem kleinen Laborneubau (bezeichnet als Strömungstechnisches Labor) ganz in der Nähe des Trudelwindkanals und des Schallgedämpften Motorenprüfstands aufgebaut wurde. Es handelte sich um einen einfachen Niedergeschwindigkeitswindkanal vom „Göttinger Typ" mit offener Messstrecke (0,6 x 0,6 m) und einer größten Strömungsgeschwindigkeit von ca. 40 m/s. Die experimentellen Arbeiten der Mitarbeiter dieses Labors, insbesondere zur Strömungsturbulenz, setzten sich über Jahrzehnte hin kontinuierlich fort und wurden ab Januar 1994 unter dem Dach des Hermann-Föttinger-Instituts der TU Berlin durchgeführt. Im Jahr 1997 kam dann das Aus für dieses Labor in Adlershof, der Laborbau musste neuen Bauvorhaben auf dem Nordgelände weichen. Der kleine Windkanal wurde demontiert und an der Brandenburgischen Technischen Universität in Cottbus wieder errichtet, wo er heute der studentischen Ausbildung und strömungsmechanischen Experimenten dient.

4.1.4 Luftfahrt-Forschungsanstalt München (LFM)

Der Beginn dieser Forschungsanstalt ist auf die 1940 erfolgte Gründung eines eingetragenen Vereins mit der Bezeichnung „Luftfahrtforschungsanstalt München e. V." zurückzuführen. Als Vorsitzender dieses Vereins fungierte ab April 1941 der bereits erwähnte Ministerialdirigent im RLM Adolf Baeumker. Baeumker, ehemaliger Weltkriegsflieger, von 1927 bis 1932 Referent für Forschung und Entwicklung der Luftfahrt im Reichsverkehrsministerium, leitete ab 1933 die Abteilung LC I (Forschung) im Technischen Amt des RLM.

Baeumker, der im Widerspruch zum Chef des Technischen Amts Ernst Udet stand – er hielt ihn für eine völlige Fehlbesetzung auf diesem Posten –, litt zunehmend unter dem Rückgang der Bedeutung der Forschung unter dem Druck der Erfordernisse des Krieges. Auch fühlte er sich im Gegensatz zu einer Reihe seiner ehemaligen Mitstreiter aus den 1920er-Jahren, wie z. B. Helmuth Felmy, Kurt Student oder Wolfram Freiherr von Richthofen, die eine steile Karriereleiter erklommen hatten, als kleiner Hauptmann im RLM zurückgesetzt, eigentlich zu Höherem berufen. Die Berufung durch Erhard Milch in das neue Amt der LFM entzog ihm zusätzlich weiteren gestalterischen und organisatorischen Spielraum. Die Gründung der Forschungsanstalt, ab 1938 planerisch in die Wege geleitet, sah vor, im Rahmen eines Fünfjahresplanes ein großes Forschungszentrum in Ottobrunn bei München zu errichten. Zu diesem Zeitpunkt kann dieses Projekt nurmehr als illusorisch bezeichnet werden. Obwohl es mit der höchsten Dringlichkeitsstufe versehen war, machten sich in starkem Maße die allseits grassierenden kriegsbedingten Mangelerscheinungen an Arbeitskräften und Ressourcen aller Art deutlich bemerkbar. Daran änderte auch der Einsatz von Zwangsarbeitern und Häftlingen beim Bau nichts.

Adolf Baeumker während eines Empfangs in seiner Wohnung in Berlin-Lichterfelde am 12. Oktober 1938.

Bau des Gebäudes für den 2-m-Kanal in Ottobrunn.

Vorgesehen war, in einer ersten Ausbaustufe bis 1942 zwei Hochgeschwindigkeitskanäle von je 8,0 m bzw. 3,0 m Durchmesser nebst Nebenanlagen und weiteren Versuchsanlagen (u. a. Prüfstände und Institutsgebäude für die Triebwerks- und Waffenforschung) zu errichten. In den darauf folgenden Jahren sollten bis 1945 zusätzlich zwei Niedergeschwindigkeitswindkanäle folgen. In der Realität waren dies absolut überzogene Planungen, die sich wie so oft in den Kriegsjahren als Illusion erweisen sollten, eine Gigantomanie, losgelöst von der Wirklichkeit. Längst standen die dafür notwendigen Kapazitäten nicht mehr zur Verfügung. Mit Ausnahme einiger Gebäude und Anlagen des Aerodynamischen Instituts und des Instituts für Triebwerksforschung blieben große Teile unvollendet, darunter auch der im österreichischen Ötztal gelegene leistungsstarke 8-m-Windkanal. Es gelang wenigstens, einen der 3-m-Hochgeschwindigkeitswindkanäle mit einer Leistung von zweimal 6.000 kW zum Laufen zu bringen, im Prinzip war dieser ein Modell des 8-m-Kanals im Ötztal. Für eine zweckorientierte Forschung fehlten bis Kriegsende wichtige Messinstrumente sowie Pumpen, Kompressoren und sonstige Teile. Wichtige Gebäudestrukturen wurden nur im Rohbau fertiggestellt.

Hochgeschwindigkeitswindkanal im Ötztal

Ohne jeden Zweifel wäre bei seiner Fertigstellung dieser Windkanal die weltweit leistungsstärkste und modernste Anlage ihrer Art gewesen. Gleichzeitig zeigt dieses Projekt nachhaltig und eindrucksvoll, dass Forschung im Nationalsozialismus in keiner Weise losgelöst von der politischen Herrschaft und ihren Zielstellungen wie auch von den Methoden zu deren Durchsetzung gesehen werden kann. Allein die Art und Weise der Aneignung des Baugeländes (hierzu gab und gibt es noch Auseinandersetzungen zwischen den Nachkommen der damaligen Grundstückseigner einerseits und dem Rechtsnachfolger der ehemaligen „Westtiroler Kraftwerke" (WTK), der „Tiroler Wasserkraft AG" (TIWAG) und dem Land Tirol andererseits) wie auch der Einsatz von 1.200 Zwangsarbeitern, die ab 1941/42 im Arbeitslager Haiming untergebracht waren, sind dafür als symptomatisch anzusehen.

Das Fremdarbeiterlager Haiming.

Forschung im Nationalsozialismus war für den Wissenschaftler immer zumindest auch ein Arrangement mit der Diktatur, ein Ausblenden der Realität, wenn nicht mehr. Hier stellt sich erneut die Frage, inwieweit die Alliierten nach dem Krieg bei der Nutzung der Potenzen ihres ehemaligen Gegners zumindest ethisch und moralisch verwerflich gehandelt haben. Die Planung für diese Anlage soll bereits 1937 begonnen haben, allerdings liegen dafür wie auch für die Konstruktion und den Bau bis 1945 kaum Dokumente vor. Für die Erreichung einer Luftstromgeschwindigkeit bis M 1 bei einem Messstreckendurchmesser von 8,0 m und 14 m Länge war eine Antriebsleistung von 76 MW prognostiziert. Diese war beim damaligen Stand der Technik nur erreichbar, wenn leistungsstarke Energieerzeuger in Form von wasserkraftgetriebenen Turbinen zum Einsatz kommen. Dafür waren zwei Peltonturbinen mit je einem angeschlossenen gegenläufigen Axialgebläse mit einem Durchmesser von je 15 m vorgesehen. Die Anlage entstand an der Mündung der Ötztaler Ache in den Inn bei der Ortschaft Haiming, ca. 40 km westlich von Innsbruck. Der Antrieb der Turbinen sollte durch den Höhenunterschied zwischen dem Staubecken in 1.250 m Höhe und der Anlage in 700 m über NN erfolgen. Zur Erreichung der Leistung war es erforderlich, einen Wasserdurchsatz von ca. 20 m^3/s zu gewährleisten. Vorgesehen war der Windkanal für die Untersuchung von Flugzeugtriebwerken in Originalgröße und in Geschwindigkeitsbereichen, die die echten Vorgänge beim Einsatz von Hochleistungsflugzeugen simulieren konnten, das heißt knapp unterhalb der Schallgrenze. Dies war der Geschwindigkeitsbereich bis ca. 1.000 km/h, z. B. erreicht durch den Raketenjäger Messerschmitt Me 163. Der Windkanal besaß einen geschlossenen Kreislauf mit ebenfalls geschlossener Messkammer. Der größte Durchmesser betrug 24 m in den Umlenkecken, die Kühlung des Luftstroms (notwendig wegen der Wärmeabgabe der Gebläse an den Luftstrom) erfolgte durch drei Luftaustauschelemente. Im Jahr 1942 begannen die Bauarbeiten unter dem Projektnamen „Bauvorhaben 101 Messerschmitt München". In den einschlägigen Tageszeitungen wie dem „Salzburger Volksblatt" wurden ab Mitte November

Detail der Baustelle – im Hintergrund die Antriebssektion im Bau.

1941 bereits Stellenanzeigen für die benötigten Berufsgruppen durch die „Westtiroler Kraftwerke AG“ geschaltet.

Gelegentlich wird in einschlägigen Publikationen der Projektname mit dem Tarnnamen verwechselt. Für das Bauvorhaben Windkanal wurde der Tarnname „Zitteraal“ vergeben. Der gelegentlich ebenfalls aufgeführte Begriff „Baustelle Inn“ bezeichnete aber offensichtlich ein in der Nähe gelegenes anderes Bauvorhaben. Die Nennung von Messerschmitt erfolgte wahrscheinlich deshalb, weil die eigentlich federführende LFM noch gar nicht konstitutionell aufgestellt und arbeitsfähig war und die Aktivitäten in Ottobrunn unter der Leitung von Messerschmitt Augsburg standen. Beteiligte Bau- und Zulieferfirmen waren die Dingler-Werke Zweibrücken, Krupp Essen, MAN und Siemens sowie Voith Heidenheim.

Im Mai 1945 waren die Bauarbeiten zu ca. 20 bis 30 % fortgeschritten, insgesamt lagerten ca. 4.600 t Windkanalteile und Material am Ort oder waren bereits verbaut. Im Mai 1945 besetzten US-Truppen die Baustelle, die den Alliierten bis dahin vollkommen unbekannt war. Auch aus heutiger Sicht überrascht es, dass die Amerikaner wie auch die anderen westlichen Alliierten bei der Besetzung des Geländes völlig unvorbereitet auf das Projekt 101 stießen, von dem sie vorher keinerlei Kenntnis erlangt hatten.

Die Ersten, die sich von dieser Überraschung erholten, waren die Franzosen, die Ende Mai mit einer Arbeitsgruppe der „Sécurité Militaire Francaise (SMF)“, des französischen militärischen Geheimdienstes, im Ötztal erschienen. Im Juli folgte eine Abordnung im Auftrag des Luftfahrtministers der Republik Frankreich. Die Amerikaner hatten schließlich und endlich das Nachsehen, obwohl Theodore von Kármán die Einmaligkeit des Bauvorhabens deutlich erkannt hatte. Zwischen den verbündeten Amerikanern und den Franzosen gab es erhebliche Differenzen bezüglich des Umgangs mit dem Vorgefundenen. Letztendlich siegten die Franzosen, die nahezu bei Nacht und Nebel begannen, das gesamte Material und die Anlagen und Geräte, ob bereits verbaut oder noch gelagert, abzutransportieren.

Blick auf die Baustelle des Windkanals im Ötztal.

Lagernde Teile für den Windkanal im Ötztal.

Windkanal S1Ma in Modane-Avrieux.

Der Zielort war Modane-Avrieux in den französischen Alpen, wo bereits auf 1.900 m Höhe der Bau eines Wasserspeicherbeckens im Gange war und in 1.100 m Höhe ein geeignetes Gelände für den Fertigbau des Windkanals mit allen Nebenanlagen zur Verfügung stand, das zudem erweiterungsfähig war. Die Transporte fanden in der Zeit zwischen Oktober 1945 und Juni 1946 statt.

4.1.5 Forschungsanstalt Graf Zeppelin (FGZ)

Die Forschungsanstalt, gelegen in Ruit bei Stuttgart, wurde offiziell am 1. April 1941 als Reichsanstalt aus dem Flugtechnischen Institut Stuttgart (FIST) der Technischen Hochschule Stuttgart ausgegründet. Georg Madelung führte in Personalunion beide Institutionen. Bereits ab 1936 begannen erste Planungen, im Sommer 1937 erste Bauarbeiten. Etwas verwirrend waren die Bezeichnungen in der Anfangszeit, da das FIST am neuen Standort die gleiche Bezeichnung wie das alte Institut in der Stuttgarter Hegelstraße beibehielt. Damit profitierten das FIST und die FGZ auch aus ihrer räumlichen Nähe.

In der Skizze sind der „Bau 3“ zu finden unter (24), der KZK unter (21), der Kleine (Alte) Windkanal und der Windkanal 8 unter (5) sowie die Windkanäle W 11 und W 12 in der Neuen Windkanalhalle (14). Anzumerken ist, dass die Zuordnung der Windkanäle mit Ausnahme des KZK zu den einzelnen Bauten eine Annahme ist und derzeit nicht exakt definiert werden kann. Gleichzeitig mit der Einrichtung des Forschungsgeländes zwischen Ruit und Nellingen entstand südlich von Ruit und unmittelbar an die FGZ angrenzend der Fliegerhorst Nellingen. Die FGZ war ein rein militärisch orientiertes Forschungszentrum und vor allem auf die Schwerpunkte des aerodynamischen Verhaltens von Fallschirmen unterschiedlichster Verwendung und von Abwurfkörpern wie Bomben und Versorgungsbehältern, Widerstandsmessungen an Außenlasten für Kampfflugzeuge und die Aerodynamik von Unterwasserwaffen wie Seeminen und Torpedos ausgerichtet.

Für spezielle Forschungen im Zusammenhang mit der V-Waffenentwicklung (z. B. Katapultversuche für V-1) wurde ab 1942 ein ehemaliger Steinbruch bei Vaihingen/Enz genutzt. Der ab 1944 erfolgte Bau einer unterirdischen Fertigungsstätte von Messerschmitt (Projekt „Stoffel“) an gleicher Stelle und die Errichtung des dazugehörigen KZ-Lagers stand offensichtlich nicht im Zusammenhang mit Aktivitäten der FGZ. Auch fanden durch die FGZ Festigkeits- und Strömungsversuche verschiedener Waffensysteme mittels Unterwasserschlepp im bayerischen Alatsee bei Füssen statt. Obwohl in Ruit Wind-

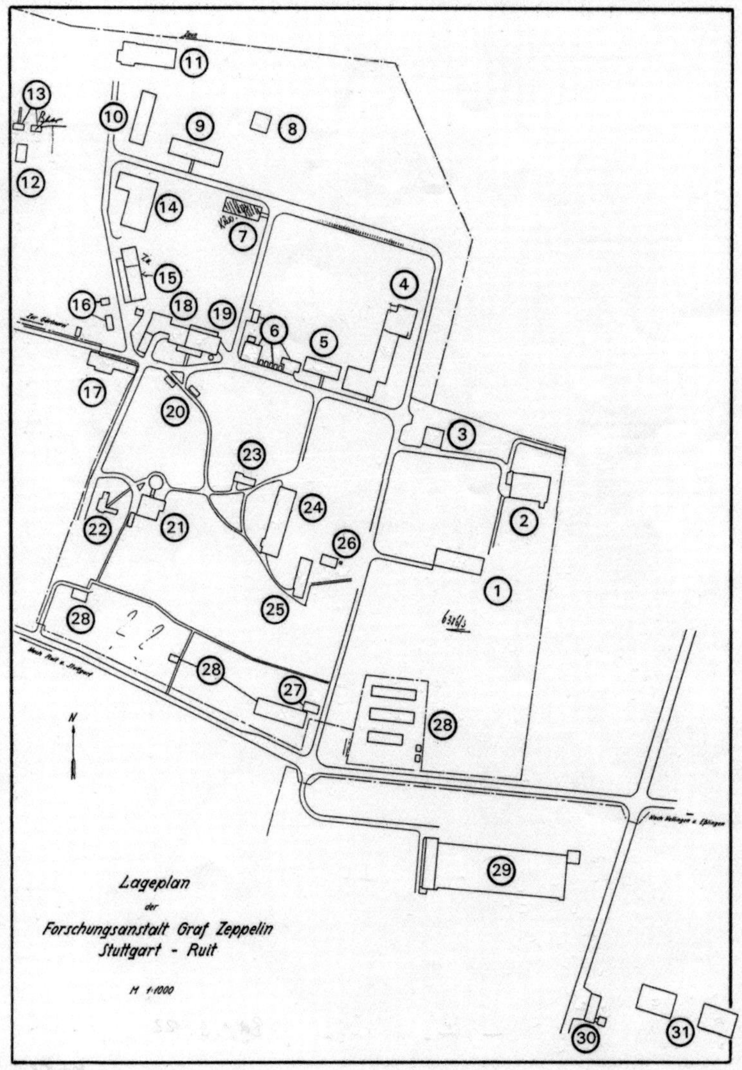

Lageskizze des FGZ in Ruit.

Bau 3 der FGZ in Ruit, auch bekannt unter dem Namen „Waldhaus“.

Modell einer Messerschmitt Me 410 im Windkanal des FKFS.

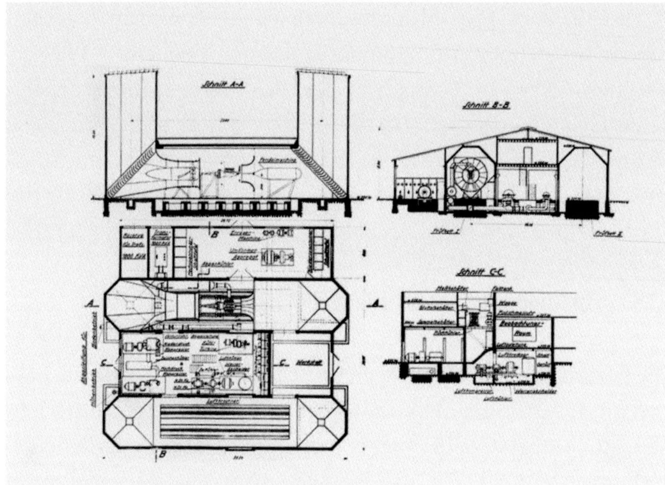

Prinzipskizze des Windkanals des FKFS.

kanäle vorhanden waren, wurde für Fallschirmversuche (u. a. eines entfaltungsstoßfreien Fallschirms) auch der Windkanal von Chalais-Meudon in Paris genutzt. Die Praxistests fanden in den Waffenerprobungsstellen Rechlin und Tarnewitz bzw. am Torpedowaffenplatz der Luftwaffe Hexengrund bei Gotenhafen (Gdynia) statt. Aber auch der nahegelegene Fliegerhorst Nellingen wurde als Testareal genutzt. Leiter der Aerodynamischen Abteilung war Helmut G. Heinrich. Das FGZ verfügte über vier Windkanäle und hatte bei Bedarf auch Zugriff auf die Windkanäle der TH Stuttgart. Ein Vergleich zwischen der Auflistung der Windkanäle der TH Stuttgart, alle in Göttinger Bauart, von Kränzle 1937 mit der von Weiß 1943 (der auch die Kanäle der FGZ benennt) zeigt Differenzen in den Bezeichnungen wie auch den Parametern. Über die Ursachen kann derzeit keine Aussage getroffen werden. Die vier Windkanäle des „Forschungsinstituts für Kraftfahrtwesen und Fahrzeugmotoren“ (FKFS) der TH fanden im Rahmen der Luftfahrtforschung hauptsächlich für die Flugmotorenentwicklung Verwendung wie auch für Forschungsarbeiten der Luftfahrtindustrie. Sie arbeiteten nur zeitweilig bei Bedarf für das FGZ.

Zwei dieser Anlagen fanden ebenfalls für Untersuchungen von Personenfallschirmen und für Stabilisierungsschirme von Bomben, Luft- und Seeminen sowie für Torpedos Verwendung. Der sogenannte BIOS-Report 466 (BIOS – British Intelligence Objectives Sub-Committee) legt detailliert unmittelbar nach Kriegsende den in Stuttgart erreichten Entwicklungsstand dar und benennt umfänglich die beteiligten Personen wie auch die Ergebnisse der Forschungsarbeit auf diesen Gebieten.

Besonders nach Kriegsausbruch wurden Zwangsarbeiter und Kriegsgefangene für Bauarbeiten unterschiedlicher Nationen auch in der FGZ eingesetzt. Wie auch in anderen Forschungsanstalten gibt es über die näheren Umstände ihres Lebens und die soziale Lage vor allem aufgrund des geringen Dokumentenbestands recht wenig Erkenntnisse.

Die Windkanäle der FGZ in Ruit

Ein **Kleiner Windkanal** der französischen Bauart mit offener Messstrecke und einer Länge von 1,05 m sowie einer Antriebsleistung von 35 kW (Gleichstrom-Leonardsatz). Die Luftstromgeschwindigkeit betrug 35 m/s bei einem Düsendurchmesser von 0,56 m, erzeugt durch ein einstufiges Gebläse. Das Jahr seiner Inbetriebnahme (1932) könnte darauf hindeuten, dass dieser Kanal von einem anderen Standort umgesetzt worden ist oder dass er sich an einem anderen Standort befand (FIST?) und dort durch die FGZ genutzt wurde.

Der **Windkanal W 8** war ebenfalls in der französischen Bauart ausgeführt. Auch er besaß eine offene Messstrecke (Länge 1,8 m) und hatte eine Antriebsleistung von 90 kW, erzeugt durch ein einstufiges Gebläse (Drehstrommotor). Die Luftstromgeschwindigkeit betrug 55 m/s bei einem Düsenquerschnitt von 1,0 m. Die Inbetriebnahme ist auf 1940 datiert.

Der **Windkanal W 11** besaß einen geschlossenen Kreislauf mit einer Rückführung unterhalb der Messstrecke (Länge 3,0 m), die Düsenöffnung hatte eine rechteckige Ausführung mit einer Abmessung von 1,2 x 1,8 m. Die Antriebsleistung von 40 kW, erzeugt durch einen Gleichstrom-Leonardsatz, ermöglichte eine Luftstromgeschwindigkeit von 35 m/s. Die Inbetriebnahme ist mit 1943/44 angegeben.

Der **Windkanal W 12** war in französischer Bauweise ausgeführt und besaß eine geschlossene Messstrecke von 0,3 m Länge

Bauarbeiten am Kurzzeitkanal des FGZ in Ruit (um 1936/37).

bei einer quadratischen Düsenabmessung von 0,3 x 0,3 m. Die Antriebsleistung des Kompressors betrug 50 kW, die Luftstromgeschwindigkeit bis M 1. Seine Inbetriebnahme ist ebenfalls auf 1943/44 datiert.

Alle bis hier genannten Windkanäle der FGZ besaßen 3-Komponentenwaagen als Messeinrichtung.

Der als **KZK (Kurzzeitkanal)** bezeichnete Windkanal, anfangs als „Speicherwindkanal“ bezeichnet, war in französischer Bauart ausgeführt, allerdings nach einem ziemlich einmaligen Wirkungsprinzip.

Wie aus der Skizze ersichtlich, wurde im Oberteil des turmartigen Zylinders ein Kolben in Form eines Kegelstumpfs in einer Röhre arretiert, der dann mit 200 t Wasser durch eine Kreiselpumpe mit 100 kW Leistung befüllt wurde und nach Lösen einer Sperre frei nach unten fiel.

Dabei wurde ein Luftstoß erzeugt, der über eine Umlenkeinrichtung und auswechselbare Düsen in eine Messkammer mit 170 bzw. 140 m/s einströmte. Eine der Düsen besaß die Abmessungen 2,0 x 1,0 m (Rechteckform), die beiden anderen

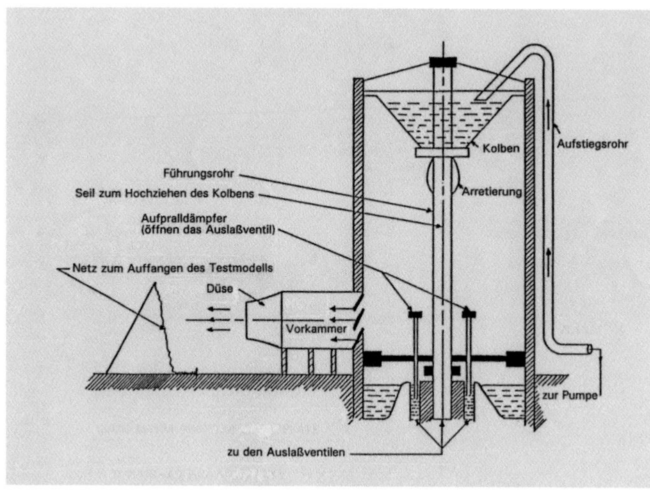

Prinzipskizze des Kurzzeitkanals der FGZ.

waren quadratisch ausgeführt mit einer Weite von 1,25 m bzw. 0,95 m. Mit diesem Kanal wurden Blaszeiten von 4 bis 15 Sekunden erreicht. Er verfügte über eine Ein-Komponentenwaage. Die Inbetriebnahme des Kanals erfolgte 1937. Untersuchungsge-

Der Baukörper des Kurzzeitkanals der FGZ kurz vor dem Abbruch (1970).

genstand waren vor allem das ballistische und aerodynamische Verhalten von Bomben beim Abwurf aus dem Bombenschacht (Abgangsballistik) und von Abwurfbehältern zur Versorgung von Bodentruppen. Der Abbruch des KZK erfolgte Anfang der 1970er-Jahre.

Zusätzlich stand dem FGZ ein Niedergeschwindigkeitswindkanal Göttinger Bauart bei der FIST in Stuttgart mit 52 kW Leistung zur Verfügung. Er verfügte über eine Luftstromgeschwindigkeit von 38 (35) m/s bei ovalem Düsendurchmesser von 1,2 x 1,8 m. Die Länge der offenen Messstrecke betrug 3,05 m.

4.1.6 Deutsche Forschungsanstalt für Segelflug e. V. (RRG/DFS)

Diese Forschungsanstalt ging aus der von Oskar Ursinus, dem „Rhönvater", und Karl Kotzenberg zur Förderung des Segelflugsports am 31. August 1924 gegründeten Flugsportvereinigung „Rhön-Rossitten-Gesellschaft" (RRG) hervor. Bereits der Name wies auf die beiden bedeutendsten Segelflugzentren Deutschlands in Hessen und auf der Kurischen Nehrung in Ostpreußen hin.

Nicht unerwähnt soll in diesem Zusammenhang bleiben, dass der Segelflug in den Jahren nach dem Ersten Weltkrieg die nahezu einzige Gelegenheit war, zu fliegen bzw. fliegen zu erlernen. Naturgemäß waren ehemalige Weltkriegspiloten diejenigen, welche diese Möglichkeit nutzten, um wieder fliegen zu können. Aus ihren Reihen kamen dann auch folgerichtig die Fluglehrer, die in Theorie und Praxis ihr Wissen, aber auch ihre Einstellungen an die Jugend weitergaben. In der Mehrheit kaisertreu, nationalistisch und gegen die noch junge Republik eingestellt, sollte sich dies später noch folgenschwer auswirken. Recht frühzeitig entstand 1925 in Darmstadt eine eigene Forschungsabteilung der RRG, deren Leitung der Professor für Flugmeteorologie an der TH Darmstadt, Walter Georgii, übernahm. Die RRG wurde 1933 wie auch alle anderen Vereinigungen dieser Art in den „Deutschen Luftsportverband" (DLV) übernommen und, soweit noch erforderlich, unter der nationalsozialistischen Ideologie „gleichgeschaltet". Die Forschungsabteilung benannte sich in „Deutsches Institut für Segelflug" und 1937 in „Deutsche Forschungsanstalt für Segelflug" um. Walter Georgii hatte bis November 1943, als er zur Forschungsführung an das RLM nach Berlin wechselte, die Leitung weiter inne.

Der „Rhönvater" Oskar Ursinus (1878–1952).

Das Fliegerdenkmal der RRG auf der Wasserkuppe in der Rhön.

Vorerst lief die Forschung der DFS weiter in eine zivile Richtung, allerdings hatte eine Reihe von Forschungsrichtungen und -ergebnissen der Institute der DFS erhebliche militärische Relevanz. Das waren u. a. Themen wie Bremsklappenkonstruktionen, Flugzeugschlepp und Luftbetankung und natürlich auch weiterhin die Erforschung des Segelflugs als Grundlage für die Pilotenschulung für die Luftwaffe. Mit Kriegsausbruch bekam die militärische Forschung absolute Priorität. Die DFS wurde 1939 zwecks Konzentration der Forschung nach Braunschweig verlegt, dies erwies sich aber bald als eine Fehlentscheidung. Dieser Standort war bereits ein Jahr später überlastet, die LFA und die dortige TH benötigten alle Kapazitäten an diesem Ort. Die DFS wurde daraufhin an den bayerischen Fliegerhorst Ainring verlegt. Das Wirken bekannter Persönlichkeiten wie der Testpilotin Hanna Reitsch, des Testpiloten Erich Klöckner und des Konstrukteurs Alexander Lippisch unterstrichen die Bedeutung der Anstalt. Die bedeutendsten Ergebnisse der DFS waren die Entwicklung und Erprobung des Lastenseglers DFS 230, des Raketenjägers Bachem Ba 349 „Natter“, des Aufklärers Blohm & Voss BV 141, der Mistelgespanne und des Fernlenksystems des Flügelgeschosses Fi 103 (V1) sowie des Staustrahltriebwerks und vieler weiterer militärisch verwendbarer Geräte und Anlagen.
1939 verfügte die DFS über vier Forschungsinstitute:

- Institut für Segelflug
- Institut für Aerodynamik und Flugmechanik
- Institut für Flugausrüstung
- Institut für Aerologie

und eine Reihe von Abteilungen (Modellbau, Flugabteilung, Lichtbild, Fernlenkversuche).

Symptomatisch für die DFS war auch, dass sie eine entscheidende Rolle für die Forschung auf dem Gebiet der sogenannten „Wunderwaffen“ spielte. Hier schlug sich der besondere Geist der „alten“ Segelflieger nieder, die, je länger der Krieg dauerte und je schwieriger die Lage Deutschlands wurde, umso mehr ihre Verantwortung darin sahen, entscheidend zum „Endsieg“ beizutragen. Dass Georgii dies entscheidend befeuerte, steht außer jedem Zweifel und kennzeichnet den Geist der Beteiligten in dieser Zeit. Dass es nach dem Krieg in diesem Kreis kaum eine kritische Selbstreflektion gab, verwundert kaum. Weder die Alliierten noch die bundesdeutsche Politik und die Gesellschaft verlangten dies, im Gegenteil, allein die unzweifelhaften wissenschaftlich-technischen Leistungen der deutschen Luftfahrtforschung wurden gebraucht und entsprechend honoriert und publiziert.

Die RRG verfügte bis 1933 über keinen Windkanal. Es ist aber davon auszugehen, dass zur Lösung konstruktiver Auf-

Gedenkstein in Erinnerung an die Tätigkeit der DFS in Darmstadt und ihren Leiter Walter Georgii. Die Inschrift sollte durchaus zum Nachdenken anregen.

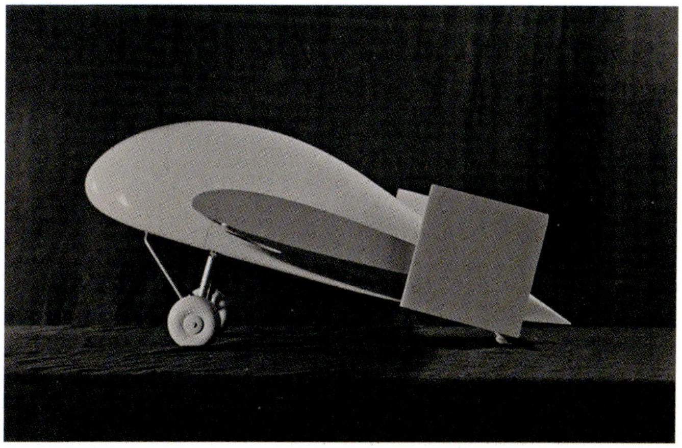

Versuchskörper der DFS 40 Delta 5 für Windkanaltests.

Modell des Raketenjägers DFS 194 (Vorprojekt der Me 163) im Windkanal.

Das Windkanalmodell des Hochgeschwindigkeits-Versuchsflugzeugs DFS 346, hier in einer Halle des TsAGI in Schukowski bei Moskau. Modell und Flugzeug wurden von den Sowjets bei den Siebelwerken in Schkeuditz erbeutet.

gaben Kanäle anderer Institutionen in Anspruch genommen wurden. Mit der Installation der DFS in Darmstadt änderte sich die Lage grundlegend. Man stand vor der Aufgabe, eine Lösung zu finden. Ein Ausweichen auf die auf dem gleichen Gelände befindliche TH kam derzeit nicht in Frage, da der dortige Windkanal erst 1936 fertiggestellt wurde. Man fand eine verblüffende Lösung. Die DFS konstruierte selbst unter Leitung von Lippisch einen Strömungskanal, der auf der Internationalen Luftfahrtausstellung in Stockholm gezeigt wurde. Auf dieser Grundlage fertigte der selbstständige Elektromeister Philipp IV. Melk aus Griesheim einige kleine Windkanäle an, mit denen relativ einfache Versuche an Modellen durchgeführt werden konnten. Auch die TH musste in dieser Zeit mit nur einem kleinen Kanal in der Lilienthalstraße Vorlieb nehmen. Gegen Ende 1937 wurde am Flughafen unter Federführung des Architekten Fritz Henning aus Mannheim ein neues Gebäude errichtet, das einen leistungsfähigen Windkanal aufnehmen sollte. Anlass dafür war, dass in ganz Deutschland aufgrund der Orientierung der Luftfahrtindustrie auf die Rüstung keine freien Windkanalkapazitäten zur Verfügung standen. Der neue Kanal verfügte über einen geschlossenen Kreislauf nach dem Göttinger Prinzip mit zwei Luftrückläufen. Einer der Kanäle mit einem elliptischen Durchmesser von durchschnittlich 2,0 m und einer Geschwindigkeit von 55 m/s war für die eigentliche Forschungsarbeit bestimmt, der kleinere Rücklauf mit 0,8 m Durchmesser und einer Geschwindigkeit von 100 m/s war für Eichzwecke vorgesehen. Im gleichen Gebäude war Platz für eine Rauchkanalanlage vorgesehen (diese ging kriegsbedingt allerdings nie in Betrieb). Zum Windkanal gehörte eine Sechs-Komponentenwaage der Darmstädter Firma Carl Schenk AG. Im August 1940 ging der Windkanal der DFS in Betrieb und ermöglichte die Weiterführung der kriegswichtigen Forschungen mit einer eigenen Anlage, obwohl zwischenzeitlich die Verlegung der DFS nach Braunschweig und nach Ainring erfolgt war.

Der Kanal soll allerdings bei einem nicht näher datierten Bombenangriff zerstört worden sein, sodass offensichtlich die Forschungsarbeit doch durch die Verwendung anderer Anlagen weitergeführt werden musste. Mit hoher Wahrscheinlichkeit war dies der Angriff der USAAF vom 24. Dezember 1944, da dies der einzige war, der umfängliche Schäden auf dem Gelände zur Folge hatte. Im Dezember 1945 lösten die Amerikaner die DFS auf, Georgii ging nach einem französischen Zwischenspiel 1948 nach Argentinien, von wo er 1955 nach Deutschland zurückkehrte und ab da die Flugwissenschaftliche Forschungsanstalt München (FFM) leitete.

Das bei der DFS entwickelte Hochleistungsflugzeug DFS 346 wurde in den Siebelwerken Schkeuditz mitsamt Windkanalmodell von den Sowjets erbeutet und in der Sowjetunion weiterentwickelt. Nach einer Reihe von Flügen mit dem deutschen Testpiloten Wolfgang Ziese und mehreren Misserfolgen wurde dieses Projekt ab 1951 aber nicht mehr weiter verfolgt.

4.1.7 Aerodynamisches Institut der Heeresversuchsanstalt Peenemünde

Wie kaum eine andere Stätte der deutschen Luftfahrtforschung stand und steht Peenemünde im Fokus der Öffentlichkeit. Allein die Besucherzahl seit Eröffnung des Historisch-Technischen Museums im Jahr 1991 von über 6 Millionen unterstreicht dies deutlich. Peenemünde ist zugleich der wohl sichtbarste Ausdruck der Verstrickung der Wissenschaft in die Verbrechen des Nationalsozialismus. Bei näherer Betrachtung bleibt von dem besonders nach 1945 gepflegten Mythos als „Geburtsstätte der Weltraumfahrt" nur wenig übrig. Dieser Mythos entstand nach

Wernher (re.) und sein Bruder Magnus von Braun nach ihrer Gefangennahme durch US-Truppen in Reutte (Tirol).

der Verhaftung Wernher von Brauns und von General Walter Dornberger als Chef der HVA durch US-Truppen.

Diese Legende sollte von der Mitwisserschaft und Mitverantwortung an den Verbrechen in Peenemünde und später in Mittelbau-Dora bei Nordhausen/Harz wie in den anderen ausgelagerten Fertigungsstätten der „Wunderwaffen" V 1 und V 2 ablenken und den im Rahmen der Operation „Overcast/ Paperclip" angestrebten und von amerikanischer Seite längere Zeit vorbereiteten Neustart in den USA nicht gefährden. Die Lebensumstände der Zwangsarbeiter, der Kriegsgefangenen und KZ-Häftlinge, die an all diesen Orten vegetierten und starben – über 20.000 fanden dabei allein in Mittelbau-Dora den Tod –, sollten dem Vergessen anheimfallen, obwohl nahezu alle der in den Forschungs- und Produktionsstätten Tätigen davon wussten, bewusst wegsahen und es verdrängten. Diese Anmerkungen sollen hier am Anfang stehen, um das Bewusstsein dafür zu schärfen, dass die Tätigkeit in der Luftfahrtforschung des „Dritten Reiches" im Vergleich zu anderen Forschungsstätten gerade in Peenemünde und in Mittelbau-Dora noch steigerungsfähig bezüglich der Mitwirkung, des Mitwissens und der Mitverdrängung war. Dass die Verdrängung bis lange Jahre nach Kriegsende noch blieb, muss nicht besonders unterstrichen werden. Selbst heute ist dieser Aspekt der Geschichte noch nicht vollständig aufgearbeitet.

Über die Arbeit an den Raketenwaffen, beginnend in Kummersdorf bei Zossen, ab 1936 nach Peenemünde verlagert, ist umfangreich publiziert worden, vielfach allerdings auf die technische Seite dieser Forschungsarbeiten ausgerichtet und nicht selten den Mythos vom Beginn der Raumfahrt an letzterem Ort in den Mittelpunkt stellend. Der eigentliche Beginn der aerodynamischen Hochgeschwindigkeitsforschung ist zurückzuführen auf die Raketenversuche von Hermann Oberth, Rudolf Nebel, Klaus Riedel und Wernher von Braun Mitte und Ende der zwanziger Jahre auf dem Tegeler Versuchsplatz am Rande Berlins. Stand anfänglich durchaus vor allem bei Oberth die Eroberung des Weltraums als letztendliche Zielstellung, so bemächtigte sich spätestens ab 1930 das Heereswaffenamt der Reichswehr dieser Idee und leistete finanzielle Starthilfe. Nicht unerwähnt soll bleiben, dass die Rakete als Waffe naturgemäß nicht unter die Verbotsbestimmungen des Versailler Vertrages fiel, da sie im Ersten Weltkrieg kaum eine Rolle gespielt hatte. Um hierfür die notwendige aerodynamische Forschung zu initiieren und auf eine materielle Basis zu stellen, fehlte das dazu nötige Element, ein Überschallwindkanal. Das RLM setzte den Prozess zur Schaffung einer solchen Anlage 1933 in Gang. Der erste Kanal dieser Art war im April 1935 an der TH Aachen betriebsbereit, Wernher von Braun war ein Jahr später vor Ort. Mit der schließlich 1936 vom Heereswaffenamt verfügten Umsiedlung der Raketenforschungsstelle Kummersdorf-West nach Peenemünde wurde die bisher noch nicht vorhandene Installierung eines Aerodynamischen Instituts unter Leitung von Rudolph Hermann (Absolvent der TU Aachen) mit geeignetem Gerät dringend notwendig. 1937 waren die zwei Überschallkanäle betriebsbereit.

Unter Einsatz eines Vakuumkessels mit einem Inhalt von 1.000 m^3 und einer Antriebsleistung von 810 kW für die drei Pumpen (Leistung 44,4 m^3/h) konnte eine Luftstromgeschwindigkeit von bis zu 1.000 m/s (M 4,4) im intermittierenden Betrieb bei folgenden Parametern erreicht werden:

- 20 Sekunden bei einer Versuchsfolge von 3 bis 6 Minuten,
- 10 Sekunden bei einer Versuchsfolge von 1,5 bis 3 Minuten.

Windtunnel 9 der NOL in White Oak, einer der beiden Überschallkanäle aus Peenemünde.

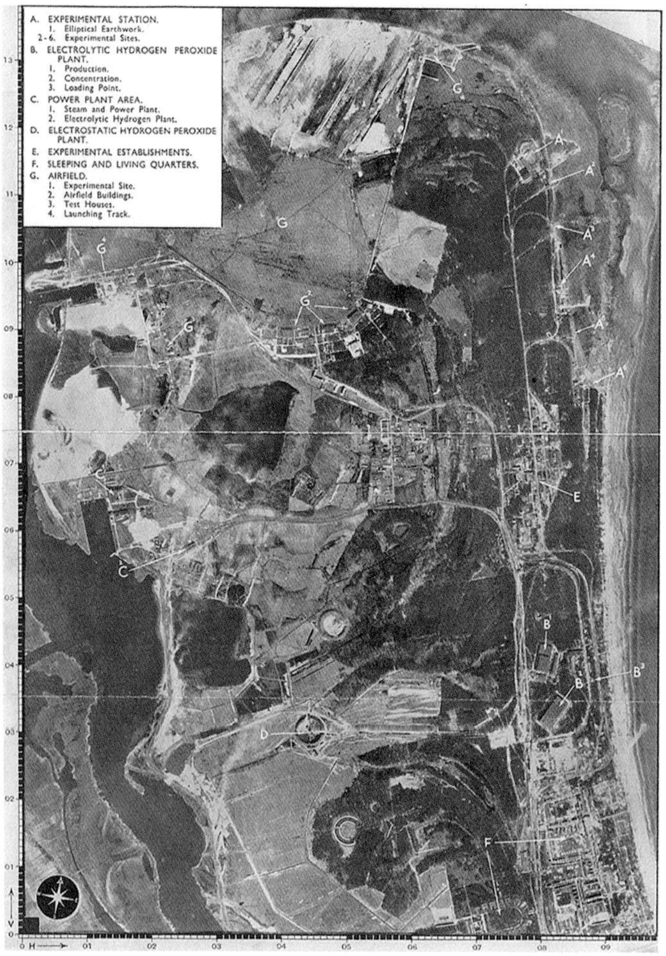

Luftbild der Royal Air Force in Vorbereitung der „Operation Hydra".

Die Turbinenhalle des Walchenseekraftwerkes.

Die Größe der quadratischen Düsenöffnung betrug bei zwei Testsektionen 0,4 x 0,4 m. Eine eigenständige Anlage mit 0,18 x 0,18 m konnte bis zu einer Geschwindigkeit von M 3,3 im Dauerbetrieb gefahren werden, war aber bis 1945 nur teilweise einsatzfähig und an das System des größeren Kanals angeschlossen. Versuchsobjekte waren neben dem Aggregat 4 und seinen Weiterentwicklungen (u. a. A 9) vor allem Fla-Raketen, wie z. B. „Wasserfall". Eine der wesentlichen Zäsuren für Peenemünde war der britische Luftangriff („Operation Hydra") vom 18. August 1943, der einen erheblichen Teil der HVA traf, wenn auch die aerodynamische Abteilung infolge eines Navigationsfehlers der RAF nur relativ gering in Mitleidenschaft gezogen wurde.

Mit diesem Angriff – bis dato war Peenemünde vollkommen unbehelligt geblieben – war klar, dass vor allem die Forschungs-

Das Hauptgebäude des Naval Ordnance Laboratory in White Oak (MD).

wie auch die Produktionsanlagen dringend zu verlegen waren. Die Aerodynamische Abteilung mit allem Gerät firmierte aus Tarnungsgründen nunmehr als „Wasserbau Versuchsanstalt" (WVA) an ihrem neuen Standort Kochel am See im Landkreis Tölz. Leiter wurde Rudolph Hermann. Allein die Verlagerung hatte ein Jahr Zeit in Anspruch genommen. Erst im November 1944 war der gesamte Umzug abgeschlossen. Die WVA gliederte sich in zwei Bereich auf:

- WVA I: Standort Kochel-Herrenkreuth mit den Überschallwindkanälen, die aus Peenemünde verlagert worden waren. Diese Kanäle gingen in Kochel wieder in Betrieb und wurden 1945 mit allen anderen Einrichtungen und dem Material in die USA verfrachtet.

- WVA II: Standort Kochel-Altjoch für die Aufnahme des neu hier zu installierenden Hyperschallwindkanals. Die Wahl auf Kochel fiel wie bei dem Ötztaler Windkanal wegen der dort bereits vorhandenen Möglichkeit, die Wasserkraft des Walchensee-Kraftwerks zu nutzen. Auffallend ist, dass die Parallelität auch die gleiche Wahl der Lieferanten für Ausrüstung und Material wie im Ötztal umfasste. Die vorgesehenen Dimensionen des neuen Hyperschallkanals in Kochel waren tatsächlich imposant. Mit einer dauerhaften Luftstromgeschwindigkeit von M 7 bis M 10 und einer Antriebsleistung von 57 MW wäre er der weltweit größte und leistungsfähigste Kanal gewesen. Die Stromerzeugung übernahmen vier 13 MW Voith-Freistrahlturbinen und drei Stromgenerator-Turbinen für die BBC-Verdichter (sieben 11-stufige Axialverdichter und vier 4-stufige Radialverdichter).

Bei nur wenigen Teilen dieser Anlage konnte noch mit dem Bau begonnen werden. Erst im November 1944 konnte der vollständige Umzug von Peenemünde nach Kochel als abgeschlossen bezeichnet werden. Ähnlich wie bei der Anlage im Ötztal hatten die Alliierten keine Kenntnis über die Aktivitäten in Kochel, obwohl das Kraftwerk im Focus der US-Luftaufklärung stand. Die intensive alliierte Aufklärungstätigkeit unter Ein-

Luftbild der Arnold Air Force Base mit dem ADEC. Im roten Kreis „Von Kármán Gas Dynamics Facility" (VKF) mit Windkanal A.

beziehung aktiver Kräfte aus dem Kreis der Zwangsarbeiter, Kriegsgefangenen und KZ-Häftlinge in Peenemünde hatte dort zwar Erfolg gezeigt, erstreckte sich aber nicht auf Kochel. Hier waren nur knapp 100 polnische bzw. holländische Arbeitskräfte im Einsatz. Der erste Kontakt mit US-Einheiten erfolgte am 1. Mai 1945, es schloss sich eine Phase der Sicherung der gesamten Anlage und der geordneten Übergabe an die Alliierten an, vor allem an die US-amerikanische Untersuchungsgruppe. Bis September 1945 wurde das Messprogramm unter Aufsicht der alliierten Spezialisten ganz „normal" fortgeführt. Danach wurde das gesamte Material der WVA nach einer Phase der Sicherung, Befragung der Spezialisten und der Dokumentensuche (diese waren vor der amerikanischen Besetzung teilweise vergraben bzw. kopiert und gesichert worden) in die USA überführt. Die Peenemünder Windkanäle gingen in den Besitz des „Naval Ordnance Laboratory" (NOL) der US Navy in White Oak, Maryland über.

Die Unterlagen und die bereits nach Kochel gelieferten Teile des Hyperschallkanals (ca. 300 Eisenbahnwaggons mit Material) wurden an das „Arnold Engineering Development Center" (AEDC) der USAAF in Tullahoma, Tennessee verfrachtet. Dort wurde die Anlage komplettiert und als „Tunnel A" um das Jahr 1957 wieder in Betrieb genommen.

Nach US-amerikanischen Einschätzungen, die natürlich auch subjektiv gefärbt sind, hat die Übernahme des deutschen personellen und materiellen Know-hows und der Forschungsanlagen den USA bis zu zehn Jahre eigene Entwicklungszeit gespart. Insgesamt acht der deutschen Wissenschaftler folgten mit ihren Familien dem Angebot zur Übersiedlung an das AEDC, zwölf gingen an das NOL. Darunter war auch Rudolph Hermann, der aber dem Ruf der Air Force nach Wright Field (Wright Patterson Air Force Base) folgte und ab 1951 verschiedene Professuren an Universitäten in Minnesota und Alabama inne hatte, bis er 1970 emeritiert wurde.

4.2 Die Windkanäle der Universitäten und Hochschulen

In diesem Kapitel sollen stellvertretend für alle in Frage kommenden Einrichtungen nur fünf vorgestellt werden, die über eigene Windkanäle für die aerodynamische Forschung verfügten. Neben den hier im Folgenden genannten sind dies des Weiteren z. B. die Universitäten und Technischen Hochschulen von Berlin, Danzig, Dresden, Graz, Hannover, Köthen, München, Stuttgart und Wien. Vor allem dem begrenzten Umfang der Publikation wie auch der Quellenlage geschuldet, wurde diese Auswahl vorgenommen.

4.2.1 Aachen – Technische Hochschule

Die „Rheinisch-Westfälische Technische Hochschule“ (RWTH) wurde 1870 gegründet. Die Bedeutung der Hochschule für die aerodynamische Forschung gründet nicht nur auf ihrer frühzeitigen Verbindung von Lehre und Forschung, sondern auch auf der Mitwirkung und Gestaltung solch hervorragender Aerodynamiker wie z. B. Reissner, Junkers, von Kármán, Seemann und Wieselsberger, die allesamt diesen Wissenschaftszweig erheblich beeinflusst haben.

Die ersten strömungsmechanischen Versuche begannen unter Hans Jacob Reissner, der 1906 den Lehrstuhl für Mechanik und Aerodynamik übernahm und mit der 1912 erstmals geflogenen „Reissner-Ente“ auch als Konstrukteur bekannt wurde. Die Tragflächen der „Ente“ bestanden aus dem von Hugo Junkers gelieferten Aluminium-Wellblech.

Junkers selbst war von 1897 bis 1912 Leiter des Maschinenlaboratoriums des Lehrstuhls und führte dort mittels eines eigenen Windkanals auf Burg Frankenberg aerodynamische Forschungen durch, bevor er seine Firma in Dessau aufbaute.

Hugo Junkers (1859–1935).

Das erste Flugzeug mit einer Wellblechbeplankung, die „Reissner-Ente“ (Flugrichtung nach rechts).

Junkers Windkanal in Aachen auf Burg Frankenberg.

1913 übernahm nach dem Weggang Reissners Theodore von Kármán den Lehrstuhl für Mechanik und Aerodynamik. Er hatte in den Jahren zuvor in Göttingen bei Prandtl promoviert und sich dort auch habilitiert. Der in München studierte und promovierte Carl Wieselsberger übernahm nach seiner Tätigkeit an der Kaiserlichen Universität in Tokio 1930 den Lehrstuhl, den er bis zu seinem Tod 1941 führte. Ihm folgte ein Jahr später der bisherige Leiter der DVL in Berlin-Adlershof Friedrich Seewald. Aufgrund der alliierten Luftangriffe wurde das Institut 1944 nach Sonthofen verlegt. Für seine Forschungsarbeiten verfügte das Aerodynamische Institut über insgesamt vier Windkanäle. Dies war ein 1929 in Betrieb gegangener Kanal in Göttinger Bauart mit einer Antriebsleistung von 110 kW, der eine Luftstromgeschwindigkeit von maximal 45 m/s mittels variabler Düsendurchmesser (1,85, 3,1 und 3,7 m) erreichte. Dieser Kanal war auch als Propellerprüfstand mit einer Antriebsleistung von 11 kW verwendbar. In den Jahren 1935 (1941 modernisiert), 1938 und 1942 wurden drei Überschallkanäle installiert, die den Geschwindigkeitsbereich des Luftstroms von Mach 0,4 bis 3,16 abdecken konnten. Alle drei Kanäle waren in der offenen Bauart ausgeführt, die Erzeugung des Luftstroms erfolgte durch das Ansaugen aus einem Vakuumkessel, der in allen Fällen eine Pumpenleistung von 75 kW erforderte. Mit diesem Prinzip war eine Strömungsdauer zwischen 25 und 90 Sekunden erzielbar. Jeder Kanal besaß eine andere Ausführung der Messstrecke (offen, halboffen, geschlossen), die Eintrittsdüsen hatten entweder quadratische oder rechteckige Form in den Abmessungen von 0,08 bis 0,2 m.

4.2.2 Darmstadt – Technische Hochschule

In Darmstadt begann der Weg zu einer systematischen aerodynamischen Forschung mit privaten Initiativen auf der Grundlage der Zielsetzungen örtlicher Vereine wie dem Mittelrheinischen Verein für Luftschifffahrt und dem Deutschen Luftflottenverein. Dies dem Zeitgeist gemäß vor dem Hintergrund der Zeppelineuphorie und militärisch geprägter deutschnationaler Gesinnung sowie wirtschaftlicher Interessen. Das Engagement von Vertretern der TH Darmstadt wie z. B. des Lehrbeauftragten für Aeronautik Max Gasser (seit 1909/10) und von Ludwig A. Schleiermacher (Lehrbeauftragter für Aerodynamik in Beziehung zur Luftfahrt ab 1912) über den Rahmen ihrer eigentlichen Tätigkeit hinaus auch in der Öffentlichkeit war der einzig richtige Weg zu einer systematischen aerodynamischen Forschung an der TH, die bereits damals eine sehr solide Stellung in der deutschen Hochschullandschaft besaß. So war es nur folgerichtig, dass der leitende Ingenieur des ersten deutschen Militärflugplatzes in Döberitz Carl Eberhardt an die TH zum ersten deutschen außerordentlichen Professor für Luftfahrt berufen wurde.

Döberitz, der erste deutsche Militärflugplatz. Wright-Flyer am Start eines Vergleichsfliegens zur Anschaffung neuer Typen (1910).

Der neue Windkanal der TH Darmstadt im Rohbau (1936).

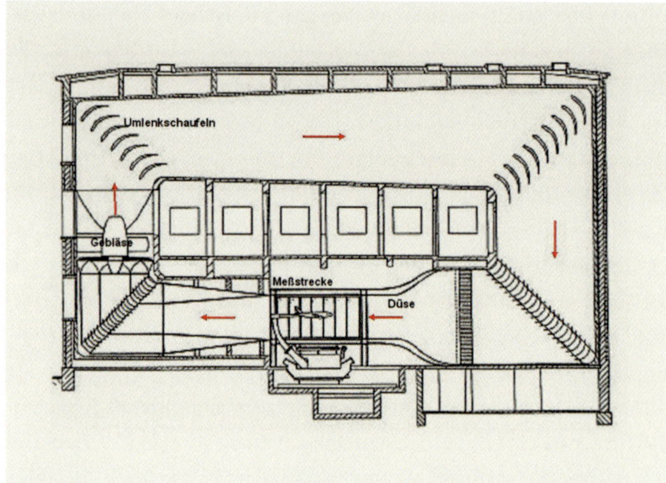

Schnitt des Darmstädter Windkanals mit vertikaler Luftführung.

Bis Kriegsausbruch 1914 nahm dieses Lehrgebiet mit seinen Teildisziplinen eine sehr dynamische Entwicklung. Nach dem Krieg erfolgte trotz der einschränkenden Versailler Vertragsbedingungen eine im Prinzip kontinuierliche Fortschreibung, vor allem durch die Berufung des aus Braunschweig kommenden Wilhelm Schlink im Jahr 1921 auf den Lehrstuhl Mechanik, der sehr deutlich die Aerodynamik als Schwerpunkt zu setzen verstand. Unter seiner Leitung erfolgte sowohl die Einrichtung eines Aerodynamischen Instituts wie auch eine fruchtbringende Zusammenarbeit mit der RRG und der studentischen Akaflieg (Akademischen Fliegergruppe), die neben einer praktischen fliegerischen Betätigung der Studenten auch den Austausch wissenschaftlicher Erkenntnisse beinhaltete. In den folgenden Jahren war die aerodynamische Forschung immer wieder an eine Grenze gestoßen, die TH besaß keinen eigenen Windkanal. Da die diesbezüglichen Kapazitäten in Deutschland ausgeschöpft waren, entschloss sich schließlich die RRG, sich einen eigenen Windkanal zuzulegen. Zudem stellte der sehr luftfahrtaffine NSDAP-Gauleiter Jakob Sprenger ab 1934 die Weichen für den Bau eines eigenen Windkanals an der TH, der im Juli 1936 übergeben werden konnte. Dieser Kanal war in geschlossener Bauart mit einer offenen Messstrecke (Länge 3,5 m) und einem Düsendurchmesser von 3,0 m ausgeführt. Bei einer Antriebsleistung von 100 kW wurde mit einem einstufigen Gebläse eine Stromgeschwindigkeit von 43 m/s erreicht.

Die Messungen wurden mittels einer automatischen Sechs-Komponentenwaage aufgezeichnet. Damit war für den seit 1933 an der TU als Lehrstuhlleiter agierenden Nikolaus Scheubel die Grundlage für weitergehende Forschungen gegeben, die bedarfsorientiert schrittweise für die Belange der Rüstungsindustrie und des Militärs ausgebaut wurden.

Der Kriegsausbruch 1939 brachte zwar für die TH bis zum Frühjahr 1941 die zeitweise Einstellung des Studienbetriebs, aber eine Ausweitung der Forschung vor allem mit Einsatz des Windkanals. Nach bisher vorliegenden Informationen waren der Kanal und seine Mitarbeiter in Aufträge für die Industrie (u. a. Heinkel-Werke) und für andere Forschungseinrichtungen wie z. B. die HVA Peenemünde eingebunden. Da sich die Bombenschäden durch die alliierten Fliegerkräfte in diesem Teil der TH in Grenzen hielten, war der Betrieb des Kanals zu keiner Zeit unterbrochen. Mit der Besetzung des Geländes durch US-Truppen im März 1945 gelangte der Flugplatz und auch der

Das Windkanalgebäude der TU Darmstadt heute.

Windkanal wie das gesamte Gelände unter die Verfügung der Amerikaner. Kurioserweise und ganz im Gegensatz zur Verfahrensweise in anderen Forschungseinrichtungen richtete man im Windkanal das Offizierscasino ein, ohne jemals den bisherigen Charakter und die Verwendung des Gebäudes einordnen zu können. Selbst die technischen Einrichtungen verblieben, wenn auch durch die Mitarbeiter vor der Besetzung demontiert, im Gebäude selbst.

Erst im Juli 1955 erfolgte die Rückgabe an das Land und die TH. 1958 konnte dieser Kanal wieder in Betrieb genommen werden. Der neue Inhaber des Lehrstuhls Luftfahrttechnik war nunmehr Günther Bock, der ehemalige Direktor der DVL (1936 bis 1945) in Berlin-Adlershof.

4.2.3 Braunschweig – Technische Hochschule

Wie bereits an anderen technisch orientierten Lehreinrichtungen hatte auch in Braunschweig die Luftfahrt frühzeitig einen nicht unerheblichen Stellenwert eingenommen, oft aber auch „nur" auf Initiative von Lehrkräften, die sich mehr oder weniger privat dafür interessierten. Ohne jeden Zweifel sahen sie im neuen, noch unerforschten und unerprobten Verkehrsträger eine zukunftsweisende Perspektive für die eigene Lehre und Forschung. Oft trafen sich diese Intentionen mit den Interessen ebenfalls technisch orientierter Industrieller, die die wirtschaftliche Umsetzung im Auge hatten. So geschah es auch an der Herzoglich Technischen Hochschule Carolo-Wilhelmina zu Braunschweig. Der 1907 an die TH berufene Privatdozent Dr. Wilhelm Schlink wurde ein Jahr später zum Professor berufen und hielt im Wintersemester 1909/10 eine private Vorlesung zum Thema „Grundlagen der Luftschiffahrt", der später weitere folgten.

In seinem Fachgebiet Technische Mechanik sah er enge Verbindungen zu Themen der Luftfahrt, darunter auch der Aerodynamik des Fliegens. Besonders war er interessiert an engen Kontakten zur Industrie und zur Luftfahrt selbst. Vor allem auf der Grundlage dieser Kontakte konnten nicht unerhebliche Fördermittel aquiriert werden. Stellvertretend seien hier die Namen Heinrich Büssing und August Euler erwähnt. Diese Förderung sollte beim Bau eines eigenen Institutsgebäudes Verwendung finden, für das auch ein offener Windkanal Bauart Eiffel vorgesehen war. Es gelang zwar, eine Initiative zur Errichtung eines aus staatlichen und Spendenmitteln errichteten Gebäudekomplexes für eine Flug- und eine Automobilwissenschaftliche Versuchsanstalt ins Leben zu rufen, ihre Erfolglosigkeit führte jedoch dazu, dass Schlink schließlich einem Ruf der TH Darmstadt folgte. In der Nachfolge übernahm Kurt Eisenmann seine Stelle. Unter seiner Regie erfolgte die Gründung der Flugwissenschaftlichen Gruppe, der FWG. Nach einer längeren Bauzeit von fünf Jahren (!) konnte 1931 ein 1,3-m-Kanal Göttinger Bauart mit offener Messstrecke am Flugtechnischen Institut (FTI) in Betrieb gehen. Er besaß eine offene Messstrecke und erreichte bei einer Antriebsleistung von max. 150 kW mit einem einstufigen Gebläse eine Luftstromgeschwindigkeit zwischen 60 und 65 m/s (drei variable Düsendurchmesser von 1,2, 1,6, 4,65 m). Die Messwerte wurden durch eine Sechs-Komponentenwaage erfasst.

Wilhelm Schlink (1875–1968).

Bereits während des Baus und noch danach hemmten Diskrepanzen zwischen Eisenmann und der Leitung der TH

Blick in die Mechanik einer restaurierten Sechs-Komponenten-waage der TH Braunschweig.

aufgrund unterschiedlicher Auffassungen zum Inhalt des Studiums und zur Wertigkeit der Sektion Flugwesen die weitere Entwicklung. Das führte bis zu einem Senatsbeschluss der TH, ihn wegen mangelnder fachlicher Qualifikationen (!) von seinem Posten abzuberufen. Alle „Querschüsse" verliefen allerdings im Sande. Offensichtlich stabilisierte das Engagement der DVL die Situation. Diese hatte den Windkanal des FTI angemietet, um in ihm Versuchsreihen laufen zu lassen (Tragflächen- und Klappenuntersuchungen). Von Gewinn war im März 1931 die Einstellung von Sighard Hoerner als Assistent, der die wissenschaftlichen Ergebnisse seiner Arbeit mit dem Kanal des FTI als Grundlage für seine Dissertation heranzog und in Forschungskreisen breit bekannt machte. Hoerner wechselte 1933 zur Aerodynamischen Abteilung der DVL und war dort auch Betreuer der Arbeitsgruppe der DVL im FTI Braunschweig. Die Probleme unterschiedlicher Natur setzten sich allerdings fort, der Lehr- und Forschungsbetrieb der TH blieb problembehaftet. Eines der gravierendsten Probleme resultierte aus dem am 7. April 1933, nur einen Monat nach der Machtübernahme durch die Nationalsozialisten erlassenen „Gesetz zur Wiederherstellung des Berufsbeamtentums". Mit ihm wurde die Entfernung politisch missliebiger, vor allem aber jüdischer Beamter aus ihren Positionen juristisch festgeschrieben. So hatten auch alle Angehörigen der TH Braunschweig ihre „arische" Abstammung nachzuweisen. Da es Prof. Eisenmann nicht gelang, diese vollständig mit allen erforderlichen Unterlagen zu belegen, wurde er durch den Rektor am 3. April in den Ruhestand versetzt. Die nunmehr vakante Stelle wurde durch Adolf Busemann übernommen. Er kam vom Kaiser-Wilhelm-Institut für Strömungsforschung in Göttingen und hatte sich an der dortigen Universität 1930 habilitiert. Mit der Machtergreifung und der Wiedererlangung der „Wehrhoheit", verbunden mit dem unverhohlenen Aufbau einer neuen Luftwaffe ab 1935, setzte naturgemäß auch auf dem Gebiet der Luftfahrtforschung eine enorme Aufwertung all jener Institutionen ein, die sich damit befassten. Dadurch änderte sich auch die Haltung von Rektor und Senat der TH zur Luftfahrt an sich und zur Forschung im Besonderen. Initiator war Ministerialdirigent Adolf Baeumker vom RLM, der Braunschweig eine besondere Rolle zudachte. So sollte hier eine Luftfahrtforschungsanstalt des Deutschen Reiches (die DFL, später LFA) neu entstehen und auch die TH entscheidend aufgewertet werden. Aerodynamik wie auch der Flugzeugbau erhielten eine wesentlich höhere Priorität und eigene Lehrstühle wie auch Forschungseinrichtungen. Dazu war ein Luftfahrtlehrzentrum der TH am neuen Flughafen Braunschweig-Waggum aufzubauen sowie eine Personalunion zwischen der DFL und der TH in Lehre und Forschung herzustellen. Nach einigem personellem Hin und Her um die Besetzung der neuen Lehrstühle, besonders hervorgerufen durch die Ernennung von Hermann Blenk und Adolf Busemann zu Professoren im Reichsdienst, nahm Hermann Schlichting im Oktober 1937 seine Dienstgeschäfte am Aerodynamischen Institut der TH auf. Dieses war 1936 aus dem FTI hervorgegangen. Schlichting hatte bei Prandtl in Göttingen studiert und war danach als Leiter der Windkanalabteilung bei Dornier in Friedrichshafen tätig gewesen. Infolge der Auslastung des Windkanals im alten Institutsgebäude an der Wodan-

Das Aerodynamische Institut im Luftfahrtlehrzentrum der TH Braunschweig am Flughafen Waggum (1938).

Die offene Messstrecke des 1,2-m-Windkanals des Aerodynamischen Instituts (1939).

Mechanische Sechs-Komponentenwaage des 1,2-m-Windkanals (1939).

straße durch die DVL und durch die steigenden Anforderungen sah man vor, im neuen Gebäude des Aerodynamischen Instituts der TH am Flughafen Waggum einen neuen Windkanal zu installieren.

Nach erneut langen, vor allem finanziellen Auseinandersetzungen zwischen Behörden, TH, Planungsbüros und Bauunternehmen konnte am 28. April 1938 endlich das neue Institutsgebäude der TH eingeweiht werden. Unmittelbar nach Dienstantritt Schlichtings galt seine Aufmerksamkeit vor allem dem Baugeschehen am Gebäude wie auch der Installation des neuen Windkanals. Der neue Kanal erhielt eine vertikale Anordnung der Luftführung, vor allem um Platz zu sparen und die Zugänglichkeit zur Messeinrichtung von beiden Seiten zu ermöglichen. Auch dieser Kanal besaß eine Luftführung der Bauart Göttingen und eine offene Messstrecke mit einem kreisförmigen Querschnitt von 1,2 m.

Das einstufige sechsflüglige Gebläse mit einem Durchmesser von 1,8 m erzeugte eine Luftstromgeschwindigkeit von 60, maximal 65 m/s bei einer Antriebsleistung von 120 kW. Ab Mitte 1938 ging der Kanal in Betrieb, vorerst aber nur eingeschränkt, da für die Beschaffung einer Sechs-Komponentenwaage viel zu geringe Finanzmittel eingeplant worden waren. Erst ab Mitte 1939 war der volle Betrieb gewährleistet. In der Folge wurde die Anlage bis 1945 äußerst intensiv genutzt. Im Mittelpunkt standen dabei vor allem drei Schwerpunktgebiete:

1. Grenzschichtströmungen und Geschwindigkeitsverteilungen an laminaren Profilen sowie Grenzschichtbeeinflussung durch Absaugen und Anblasen,

2. Interferenz von Flugzeugteilen, Untersuchungen von Flügel-Rumpfanordnungen mit Leitwerken, Tragflächen und Klappensystemen,
3. Arbeiten an Pfeilflügeln.

Alle diese Forschungsaufgaben geschahen in engem Zusammenwirken mit der DVL und der LFA, wobei die TH vorrangig Grundlagenuntersuchungen betrieb und DVL und LFA Verantwortung für die anwendungsnahe Forschung in Kooperation mit der Luftfahrtindustrie trugen. Während die Einrichtungen in Waggum im Verlauf des Krieges nur geringe Bombenschäden davontrugen, wurde das Gebäude an der Wodanstraße stark zerstört, nur der Windkanal blieb nahezu unversehrt. Am 12. April 1945 besetzten US-Truppen Braunschweig und das Gelände der TH, nur wenig später übernahmen nachfolgend britische Einheiten die Einrichtungen. Beide Windkanäle blieben trotz der eigentlich vorgesehenen Demontage und ihrer Verlagerung nach Großbritannien erhalten. In einer tatsächlichen „Nacht-und-Nebel-Aktion" demontierten Mitarbeiter wertvolle Teile wie z. B. die Messwaage und vergruben diese im Gelände. Schlichting setzte sich vehement für den Erhalt der Anlagen ein, und es gelang schließlich das nahezu Unmögliche. Da eine Betätigung in der Luftfahrt strikt untersagt war, gelang es, die Briten davon zu überzeugen, dass die Aerodynamik von Automobilen ein ebenfalls wichtiges Forschungsgebiet sei und die nahen VW-Werke unbedingt eine solche Einrichtung benötigen würden. Offensichtlich spielte es wohl eine Rolle, dass Wolfsburg in der ersten Zeit damit beschäftigt war, VW-Käfer für die britischen Streitkräfte zu fertigen. Die TH überführte aufgrund des alliierten Verbots von Lehre und Forschung auf dem Gebiet der Luftfahrt die entsprechenden Institute in die Fakultät für Maschinenbau.

4.2.4 Frankenhausen – Kyffhäuser-Technikum

Das bereits 1896 gegründete Kyffhäuser-Technikum ist im eigentlichen Sinn nicht als Technische Hochschule zu bezeichnen. Diese Einrichtung war nach ihrer eigenen Darstellung ein „Polytechnisches Institut zur Ausbildung in Landwirtschafts- und Elektrotechnik". 1908 hielt ihr Leiter Professor Sigmund Huppert einen ersten Vortrag über Flugzeugbau.

In der Folge wurde ab 1919 der Bereich Flugzeugbau und Flugbetrieb bedeutend ausgebaut, und es begann ein eigenständiger wissenschaftlich fundierter Studienbetrieb. Einer der erfolgreichen Absolventen des Technikums war Wilhelm Langguth, der 1925 die Ingenieur-Hauptprüfung ablegte, danach bei der DVL in Adlershof als Prüfingenieur und Leiter der Abteilung Festigkeitsprüfung wirkte und ab 1932 bei Arado tätig war. Perspektivisch gesehen war es notwendig, auch im Bereich der aerodynamischen Forschung präsent zu sein und dafür entsprechende Anlagen und Geräte anzuschaffen. Interessanterweise wollte das Technikum dabei auf eine Anlage zurückgreifen, die während des Krieges in der DVL in Adlershof in Betrieb gegangen war und aufgrund des nahezu absoluten Rückgangs der dortigen Forschungstätigkeiten nunmehr zur Verfügung stand: auf den Windkanal der Adlershofer Physikalischen Abteilung. Dieses Vorhaben zerschlug sich aber wegen der fehlenden Räumlichkeiten am Technikum, vor allem aber wegen der galoppierenden Inflation, die jede finanzielle Transaktion ad absurdum führte. Das Vorhaben konnte nur kurze Zeit später aber doch realisiert werden, nicht mit dem Kanal aus Adlershof, sondern aufgrund der guten Kontakte zu den Junkers-Werken in Dessau. Wie bereits erwähnt, hatte dort Professor Junkers bereits 1915 den ersten Industrie-Windkanal errichten lassen.

Gebäude des Kyffhäuser-Technikums in einer zeitgenössischen Ansicht.

Die Ingenieure und Techniker der Versuchsabteilung in Dessau fertigten im Auftrag des Technikums eine ähnliche Anlage, ebenfalls in offener Ausführung. Nach Fertigstellung wurde dieser Windkanal auf der Luftfahrt-Ausstellung 1923 in Stockholm gezeigt und ging anschließend nach Frankenhausen. Da sich das Technikum in wachsendem Maße mit Belangen des Segel- und Motorfluges befasste, waren aerodynamische Messungen integraler Bestandteil nicht nur des Studien- und Lehrbetriebes, sondern es wurde zunehmend auch angewandte Forschung im Auftrag Dritter betrieben, nicht nur unerlässlich für die praktische Befähigung der Studierenden, sondern auch für die Finanzierung des Technikums selbst. Ab 1928 begann

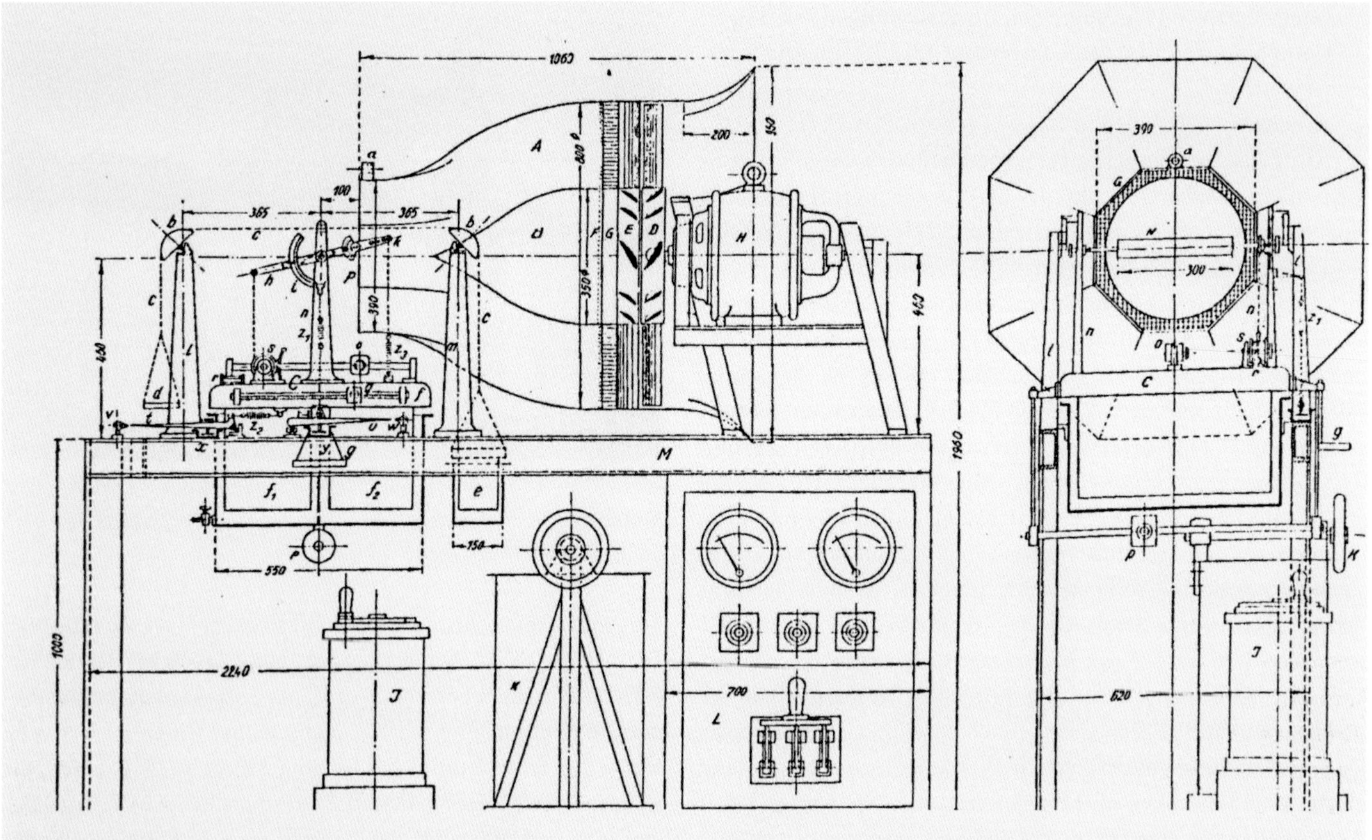
1060
200
350
800
100
365
365
390
350
460
400
1960
1000
2240
550
150
700
390
300
620

Pkt
p
v
m/sec
1
153
1,276
2
156
const.
3
4
5

◂ Schnitt durch den von Junkers gefertigten Windkanal des Technikums von 1923.

der Umbau des Windkanals in eine geschlossene Luftführung mit offener Messeinrichtung.

Der Kanal besaß eine achteckige Düse mit einem kleinsten Durchmesser von 390 mm. Die Antriebseinheit verfügte über 12 Holzflügel, die einzeln einstell- und justierbar waren. Ein Bienenwabengleichrichter und ein Drahtsieb sorgten für Gleichförmigkeit und Wirbelfreiheit des Luftstroms. Ein über den gesamten Luftstrom verschiebbares Prandtlsches Staurohr ermöglichte die Kontrolle über den gesamten Messraum. Vor dem Umbau musste aus verschiedenen Gründen als Antrieb ein Wechselstrommotor zum Einsatz kommen, dieser leistete 3 PS (2,2 kW) und ermöglichte eine Luftstromgeschwindigkeit von ca. 18 m/s. Beim vorgesehenen Umbau sollte dann ein Gleichstrommotor Verwendung finden. Nicht zu übersehen waren aufgrund der vorhandenen Leistungsparameter und der Dimensionen der Anlage die doch relativ eingeschränkte Aussagekraft der zu erzielenden Messwerte. Allein die geringe Öffnung der Düse zwang überwiegend dazu, mit geometrisch größeren Modellen zu arbeiten, als es der Luftstromquerschnitt eigentlich zuließ. Dadurch kam es zur Berechnung mit erheblich größeren Strahlkorrekturwerten und ungünstigeren Seitenverhältnissen. Bestandteil des Windkanals war eine Vorrichtung, die den Verlauf der Luftströmung an den Modellkörpern durch Dämpfe aus Ammoniak und Salzsäure sichtbar machen konnte. Mit dem neuen Windkanal, der ab etwa 1929/30 einsatzbereit war, war bei einer Antriebsleistung von 14,7 kW und einem Düsendurchmesser von 800 mm eine Luftstromgeschwindigkeit im geschlossenen Kreislauf bis zu 40 m/s zu erreichen.

Das Gebäude des Elektrotechnischen Instituts der Technischen Hochschule Mittweida in einer zeitgenössischen Ansicht.

Hans Gehringer mit Arbeitskollegen in einer Werkstatt.

4.2.5 Technische Hochschule Mittweida

Inwieweit im Vergleich zu anderen Lehr- und Forschungseinrichtungen auch relativ kleine, zumindest an der Zahl der dort Studierenden gemessen, Institute in die aerodynamische Forschung eingebunden sein können, zeigt neben Frankenhausen das 1867 gegründete sächsische „Technikum Mittweida“. Sehr frühzeitig orientierte man sich auf die verschiedensten technischen Bildungsgänge, dies entsprach auch der bedeutenden industriellen Position des Landes Sachsen. Im Studienjahr 1909/10 wurde die Flugtechnik in den Lehrplan aufgenommen. 1921 wuchs die Zahl der Studierenden auf 2.142, die höchste bis 1945 erreichte Zahl, ca. die Hälfte davon kam aus dem Ausland.

Kurz vor der Weltwirtschaftskrise gab es enge Beziehungen zu bedeutenden deutschen Unternehmen, darunter BMW, Siemens & Halske, Siemens & Schuckert, Telefunken, AEG und die Heinkel-Werke. Im Herbst 1933 übernahm Hans Gehringer den

◂ Der umgebaute und modernisierte Windkanal in einer Aufnahme von 1930.

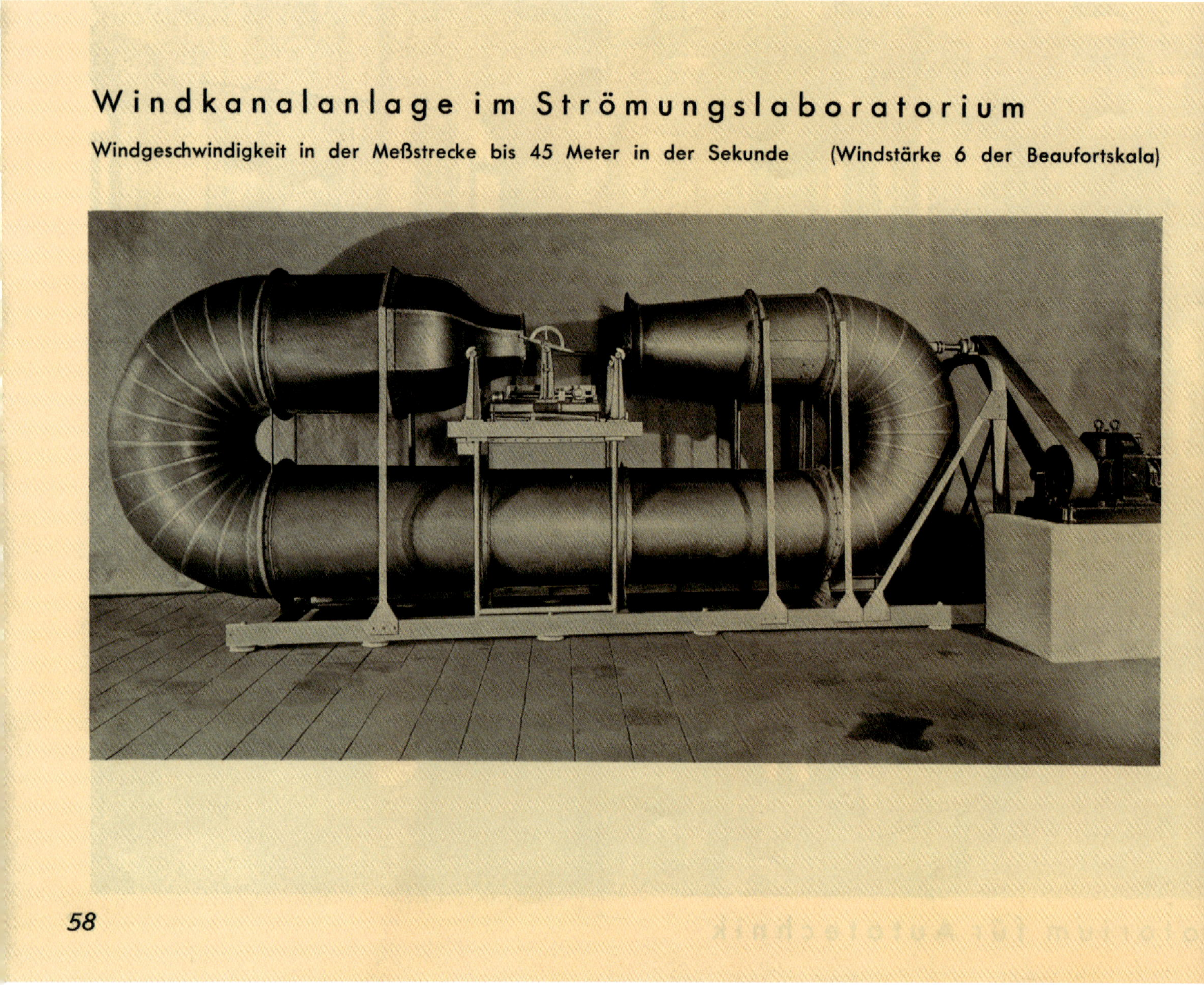

Windkanalanlage im Strömungslaboratorium

Windgeschwindigkeit in der Meßstrecke bis 45 Meter in der Sekunde (Windstärke 6 der Beaufortskala)

58

Arbeitsblatt mit einer Ansicht des von Gehringer konstruierten und an der TH selbst gebauten Windkanals mit Daten und Eintragungen.

technischen Bereich und begann sofort mit der Konstruktion und dem Bau eines eigenen Windkanals in den technikumseigenen Werkstätten.

Der hier gefertigte, 1934 in Betrieb gegangene Windkanal verfügte über einen geschlossenen Luftkreislauf mit einer offenen Messkammer. Mit einem Gleichstrommotor von 3,75 kW wurde mittels eines einstufigen Gebläses eine Luftstromgeschwindigkeit von 45 m/s erreicht. Der Kanal diente vor allem der Ausbildung der Studenten und wurde auch für die industrielle Forschung verwendet.

1935 erhielt das Technikum den Titel „Ingenieurschule Mittweida“, und ab 1937 wurde sie als Höhere Technische Lehranstalt eingestuft. Nach dem Kriegsende begann der Lehrbetrieb bereits wieder im November 1947.

4.3 Industriewindkanäle

Unverzichtbar ist, ungeachtet jeder Forschung an zentralen wissenschaftlichen Einrichtungen, die unmittelbare anwendungsgebundene Untersuchung aerodynamischer Vorgänge an den in der laufenden Produktion gefertigten Bauteilen bzw. Fertigerzeugnissen. Erst dadurch sind sofortige zeitnahe Änderungen möglich. Aus diesem Grund haben nahezu alle großen Finalproduzenten der deutschen Luftfahrtindustrie, beginnend im Jahr 1915 bei Junkers in Dessau, Windkanäle in ihren Fertigungsanlagen errichtet.

Es sei allerdings angemerkt, dass der Junkers-Windkanal der einzige seiner Art in der Zeit des Ersten Weltkrieges blieb. Erst etwa ab der Mitte der 1930er-Jahre zogen die anderen Hersteller nach.

Dies waren in alphabetischer Reihenfolge:

Blohm & Voss Flugzeugbau Hamburg
Der 1937 in Betrieb gegangene Kanal mit seitlicher Luftrückführung in geschlossener Bauart hatte eine Leistung von 375 kW und eine Luftstromgeschwindigkeit von 80 m/s bei einem kreisrunden Düsendurchmesser von 1,6 m.

Dornier Friedrichshafen
Der ebenfalls 1937 in Betrieb gegangene Kanal verfügte über eine geschlossene Luftführung unterhalb der Messsektion mit einer Leistung von maximal 600 kW und einer Geschwindigkeit von 60 m/s. Die Düsenöffnung war in ovaler Bauweise ausgeführt

Fragmente des Windkanals der Junkers AG in Dessau.

und verfügte über eine Abmessung von horizontal 4,1 m, vertikal von 2,9 m.

Focke-Achgelis Laupheim

Hier bestand der Kanal, der 1943 modernisiert wurde, seit 1937. Der geschlossene Luftstrom wurde seitlich geführt, mittels einer Antriebsleistung von kurzzeitig 80 kW (Dauer 64 kW) konnte eine Geschwindigkeit von 40 m/s erreicht werden. Der kreisrunde Düsendurchmesser betrug 2,5 m.

Focke-Wulf Kirchhorsten (Schacht Seggebruch)

Bereits 1931 ging der Kanal (1943 modernisiert) in Betrieb. Die geschlossene Führung des Luftstroms (Rückführung unterhalb) nahm einen Luftstrom von 42 m/s Geschwindigkeit auf, erzeugt durch ein einstufiges Drehstromgebläse mit einer Maximalleistung von 62 kW (Dauerleistung 45 kW). Die Luftrückführung erfolgte unterhalb der Messstrecke. Der ovale Düsendurchmesser betrug 2,1 m horizontal und 1,3 m vertikal.

Ernst Heinkel (li.) mit Siegfried Günter, dem Konstrukteur der He 111, und Karl Schwärzler, dem Chefkonstrukteur (re.), am Modell der He 111 im Windkanal.

Projekt eines zweimotorigen Kampfflugzeuges mit Zug- und Druckpropeller und Doppelleitwerksträger in der Messhalle eines Windkanals.

Heinkel-Werke Rostock-Marienehe

Hier waren zwei Windkanäle in Betrieb. Der Niedergeschwindigkeitswindkanal, in Betrieb ab 1936, verfügte mit seiner geschlossenen Luftführung (oberhalb der Messeinrichtung gelegene Rückführung) über eine Antriebsleistung von 60 kW, die eine Luftstromgeschwindigkeit von 40 m/s ermöglichte. Die Düse (oval) besaß eine Abmessung von 2,12 m horizontal und 1,5 m vertikal.

Der zweite Kanal war ein Hochgeschwindigkeitswindkanal (bei Heinkel als „Schnellkanal“ bezeichnet) mit einer Luftstromgeschwindigkeit von maximal M 1, erzeugt durch ein zweistufiges Drehstromgebläse mit einer Leistung von 310 kW. Die Messkammer war geschlossen ausgeführt, die quadratische Düse besaß die Abmessung von 0,36 x 0,36 m. Die Besonderheit des Kanals bestand darin, dass er die selten verwendete englische (NPL-)Luftführung besaß.

Junkers-Werke Dessau

Hier stand der älteste 1915 installierte deutsche Industrie-Windkanal. Der in offener bzw. französischer Ausführung gebaute Kanal verfügte über ein Gebläse mit 75 kW Dauerleistung. Der dadurch erzeugte Luftstrom erreichte mit der ovalen Düsenausführung von 1,2 m horizontal und 0,9 m vertikal eine Stromgeschwindigkeit von 29 m/s. Bei Verwendung der kreisrunden Düse mit einem Durchmesser von 0,72 m betrug die Geschwindigkeit des Luftstroms 53 m/s. Im Jahr 1937 erfolgte die Inbetriebnahme eines sogenannten Großen Windkanals mit seitlicher Luftführung in geschlossener Bauweise mit 350 bzw. 220 kW Antriebsleistung, der Luftstromgeschwindigkeiten von 28, 58 und 68 m/s ermöglichte.

Dies geschah durch die Verwendung kreisrunder Düsen mit einem Durchmesser von 4,0 m, 3,2 m und 2,5 m. Die Besonderheit bestand im Einsatz einer Sechs-Komponenten-Öldruckwaage. Über eine solche verfügte auch der Hochgeschwindigkeitswindkanal, der, wie der Kanal von 1915, wieder in offener Bauweise ausgeführt worden war. Die Luftstromerzeugung mit einer Dauer von 3,5 Minuten erfolgte durch einen Dampfstrahl-Speicherkessel. Mit variablen Düsen (quadratisch 0,3 m; rechteckig 0,25 x 0,35 m und rechteckig 0,28 x 0,3 m) wurde maximal M 1 erreicht.

Modell des Projekts P 1065 von Messerschmitt im Mittleren Windkanal der LFA.

Messerschmitt Augsburg

Im Jahr 1943 in Betrieb gegangen, war dieser Kanal in der geschlossenen Bauart ausgeführt und verfügte über eine seitliche Luftrückführung. Die Antriebsleistung betrug kurzzeitig 850 kW, in Dauer 750 kW. Die durch ein einstufiges Gleichstromgebläse erzeugte Luftstromgeschwindigkeit betrug 66 m/s. Die oval ausgeführte Düse hatte eine Abmessung von 4,09 m horizontal und 2,89 m vertikal.

Mit Ausnahme der Hochgeschwindigkeitskanäle bei Heinkel und Junkers und des frühen Junkers-Kanals waren alle Kanäle mit einem geschlossenen Luftkreislauf ausgestattet wie auch mit Drei- bzw. Sechs-Komponentenwaagen zur Aufzeichnung der Messwerte. Unterschiedlich war die Verwendung ein- bzw. zweistufiger Gebläse und die Verwendung von Gleich- bzw. Drehstromantrieben. In der Regel waren die Messstrecken in offener Bauweise ausgeführt (eine Ausnahme bildete der Hochgeschwindigkeitskanal von Heinkel). Auch zeigt der relativ geringe Düsendurchmesser aller Kanäle, dass ausschließlich Bauteile geringer Abmessungen bzw. Modelle untersucht werden konnten. Von diesen Windkanälen ist mit Ausnahme der Fragmente des Großen Windkanals der Junkers-Werke keiner mehr erhalten geblieben. Die Fragmente befinden sich auf dem Areal des Hugo-Junkers-Museums in Dessau.

4.4 Luftfahrtforschung in den besetzten Gebieten

Ein besonderes Kapitel ist ohne Zweifel die Nutzung von Forschungskapazitäten in den vom Deutschen Reich besetzten Ländern ab 1939/40. Ohne Zweifel war seit dem Anfang systematischer aerodynamischer Forschung bereits im Kaiserreich ein gewisser, wenn auch wechselnder wissenschaftlicher Austausch zwischen den einzelnen Institutionen zu verzeichnen. Dies aber immer vor dem Hintergrund eines gewissen Konkurrenzdenkens, da ja schließlich und endlich auch die Reputation der einzelnen Personen und Institute wie aber auch die Vergabe finanzieller Mittel einschränkend wirkten. Dieser Mechanismus wirkte gleichfalls im internationalen Rahmen, aber eingeschränkt in Zeiten politischer und militärischer Spannungen und durch den wirtschaftlichen Wettbewerb. Bereits die infolge der Versailler Vertragsbestimmungen Deutschland auferlegten Beschränkungen hatten zu einer Reihe von Aktivitäten der deutschen Luftfahrtindustrie im europäischen Ausland geführt, in deren Folge Kontakte auf internationaler Ebene entstanden bzw. bestehende selbst nach der Machtübernahme 1933 aufgefrischt wurden. So war es nur folgerichtig, dass man über das informiert war, was sich jenseits der Grenzen auf dem eigenen Forschungsgebiet abspielte. Mit Ausbruch des Krieges und mit der Besetzung der europäischen Nachbarstaaten gestaltete sich dieser Prozess recht einseitig, da jetzt das „Abschöpfen" des Wissens quasi in eine Einbahnstraße zugunsten Deutschlands mündete. Die Nutzung der neuen Wissenschaftsressourcen folgte zwei Zielen: Einerseits die „Abschöpfung" vorhandenen Wissens und die Nutzung der Forschungskapazitäten und -anlagen für eigene Zwecke, andererseits, wenn auch deutlich nachgeordnet, die Umsetzung von Forschungsergebnissen in die verordnete Lizenzproduktion deutscher Luftfahrttechnik in den besetzten Ländern. Und diese „Abschöpfung" wurde recht rege praktiziert, wenn auch selten so intensiv wie gerade in der rüstungsrelevanten Forschung. Es soll nicht unerwähnt bleiben, dass nicht nur die nachfolgend genannten Institutionen in dieser Art und Weise „betreut" wurden, sondern dass dies auch andere deutsche Forschungseinrichtungen gleichermaßen betrieben, so u. a. an der Warschauer Flugversuchsanstalt (vier Windkanäle) und am Prager Aerodynamischen Institut (zwei Windkanäle). In der NS-Diktion wurde dies als „Betreuung" verstanden. Am Beispiel der AVA Göttingen und ihren sogenannten Außenstellen wird dieses Vorgehen deutlich sichtbar. Allein die Begriffswahl „Außenstelle" für renommierte wissenschaftliche Institutionen vormals selbstständiger völkerrechtlich anerkannter Staaten zeigt den vorherrschenden Geist dieser Zeit. Die AVA errichtete die Außenstellen im Rahmen der aerodynamischen Forschung dort, wo entsprechende Geräte, in diesem Fall Windkanäle, zur Verfügung standen wie auch die Wissenschaftler und Techniker mit ihren bisherigen Arbeitsergebnissen und ihrem Wissen. Nicht zu vergessen ist die politische und „rassische" Überprüfung der Beschäftigten in den besetzten Ländern. Im Vordergrund stand die „rassische" Überprüfung, die zwar deutscherseits angeordnet wurde, aber nicht ohne Mitwirkung vor Ort geschehen konnte. Besonders war dies in Frankreich zu verzeichnen, da das Vichy-Regime aufgrund seiner antisemitischen Gesetzgebung besonders menschenverachtend auftrat. Folgende Forschungseinrichtungen besetzter Länder standen unter der Verwaltung der AVA:

Nationaal Luchtvaartlaboratorium Amsterdam (NLL)
Bereits recht frühzeitig war 1907 unter dem Dach der „Koninklijke Nederlandse Vereniging voor Luchtvaart" (KNVvL) mit dem Bau eines eigenen Windkanals an der „Technische Hogeschool van Delft" die aerodynamische Forschung aufgenommen worden. Ab 1919 entstand unter der Bezeichnung „Rijksstudiedienst voor de Luchtvaart" (RSL) die erste wissenschaftliche Forschungseinrichtung, die ein Gelände in der Marinewerft Amsterdam bezog und die über einen Windkanal offener Bauart verfügte. Dieser war bis Mai 1940 in Betrieb. Nur drei Tage nach der Kapitulation des Landes trafen am 18. Mai Josef Käufl (AVA) und Walter Wernitz (RLM) im in der letzten Bauphase befindlichen neuen Institut (jetzt NLL) am Sloterweg ein, welches kurz vor der Inbetriebnahme zweier moderner Windkanäle stand (diese erfolgte im Juni sowie im November 1940). Käufl wurde auf der Grundlage einer Weisung Görings als „Beauftragter des Generalluftzeugmeisters" für das NLL eingesetzt. Im gleichen Jahr und ein Jahr später erhielt er den gleichen Status für weitere AVA-Außenstellen in Frankreich.

Bereits am 1. Juli 1940 erfolgte eine Visite von Adolf Baeumker gemeinsam mit Blenk (DFL) und Georgii (DFS) im NLL. Unmittelbar danach waren am 19. Juli der Direktor der AVA Albert Betz und Walter Engelbrecht, der Verwaltungsleiter der AVA, vor Ort. Nur wenig später legte Betz ein Forschungsprogramm für das NLL vor, welches vor allem die Strömungsforschung an Tragflächen und Untersuchungen von Propellern als Schwerpunkte benannte. Carel Koning als Leiter der NLL (bis 1952) kooperierte wie auch der größte Teil der Beschäftigten des

Josef Käufl (1907–?).

Das Windkanalgebäude des NLL in Amsterdam in einer heutigen Ansicht.

NLL mit den neuen Herren im Haus. Diese Einschätzung muss auch für die anderen AVA-Außenstellen so getroffen werden, eine Ausnahme wird später noch Erwähnung finden. Die Motivation zur Zusammenarbeit kann in etwa wie folgt skizziert werden: Im Vordergrund stand ohne Zweifel neben der Fortführung der wissenschaftlichen Arbeit wohl vor allem die soziale Absicherung der eigenen Person wie auch der Familie. Nicht unwesentlich dürfte im Lauf der Zeit auch eine Rolle gespielt haben, dass mit der als kriegswichtig eingestuften Tätigkeit der Einsatz als Fremdarbeiter im Deutschen Reich nahezu ausgeschlossen war. Vereinzelt gab es durchaus Fälle, in denen dies eintrat, wenn die betreffende Person als missliebig, weshalb auch immer, aufgefallen war. Anfänglich bestanden durchaus noch Bedenken bzgl. der Geheimhaltung von deutscher Seite. Baeumker wies in einem Schreiben wie folgt darauf hin: „Unterlagen über neuere deutsche Flugzeugmuster [werden …] nicht zur Verfügung gestellt." Diese Haltung änderte sich indes im Laufe der Zeit, als die Dringlichkeiten z. B. für den Einsatz der Strahlflugzeuge immer weiter forciert wurden.

Die für die Forschung der AVA zur Verfügung stehenden Windkanäle des NLL waren in geschlossener Bauart ausgeführt. Der kleine Windkanal mit einer Antriebsleistung von 37 kW war für einen Geschwindigkeitsbereich bis 42 m/s ausgelegt und verfügte über eine offene Messstrecke von 2,1 m Länge. Der große Windkanal überdeckte durch den Einsatz verschiedener Düsenabmessungen bei einer Leistung von 440 kW eine Luftgeschwindigkeit 30 bis 81 m/s, die Messstrecke konnte offen und geschlossen betrieben werden.

Die Forschungsarbeiten im NLL konzentrierten sich in der Folge vor allem auf Detailuntersuchungen von Flächenprofilen, für Anbaugeräte (z. B. Schneekufen), Rumpf- und Motorgondelkonfigurationen, aber auch für Details von Strahltriebwerken. Bis zur alliierten Befreiung im September 1944 wirkte das NLL im Auftrag und unter Kontrolle der AVA.

Außenstelle der AVA in Paris

Diese Einrichtung hatte rein administrativen Charakter und diente der Steuerung der Aktivitäten an den Forschungseinrichtungen im besetzten Teil Frankreichs. Wie bereits in den Niederlanden wurde sie ebenfalls durch Käufl geleitet. Im Gegensatz zu der dortigen unter dem Dach des NLL konzentrierten Forschung war diese in Frankreich dezentralisiert in mehreren Einrichtungen untergebracht, was deren Führung und Koordinierung erschwerte.

Nicht nur die AVA operierte in Frankreich mit dem gleichen Ziel. So war z. B. die Großforschungsanlage in Chalais-Meudon bei Paris in großem Umfang, aber nicht ausschließlich, durch die Flugzeugindustrie mit Beschlag belegt worden.

Deutsche Expertengruppe am 16. September 1940 im Forschungszentrum Chalais-Meudon. ▸▸

Professor Blenk und Dr. Zobel am 16. September 1940 im Forschungszentrum Chalais-Meudon.

Institut Aérotechnique IAT (Saint-Cyr-l'École)

Diese Einrichtung bestand seit 1911 und war für die vordringlich praxisorientierte experimentelle Luftfahrtforschung zuständig. Die Forschungsaufgaben erhielt die Einrichtung von der technischen Abteilung des französischen Luftfahrtministeriums. Dementsprechend war auch die Ausstattung mit vier Windkanälen, drei Propellerprüfständen und einem hydrodynamischen Schleppkanal recht umfangreich. Der älteste Windkanal stammte aus dem Jahr 1912 und war wie auch die anderen Kanäle in der offenen Bauart nach Eiffel ausgeführt. Die Antriebsleistungen lagen im Bereich bis zu 175 kW und einer Stromgeschwindigkeit zwischen 50 bis 60 m/s mit geschlossenen Messstrecken. Von 1942 bis 1944 stand das Institut unter Verwaltung der AVA, Käufl war als Leiter des IAT eingesetzt. Wie bereits beim NLL zu verzeichnen, war es vor allem in Forschungsaufgaben einge-

Die Forschungsanlage von Chalais-Meudon (um 1935).

Vermessung des Flettner-Hubschraubers Fl 265 im Großen Windkanal von Chalais-Meudon.

bunden, die sich mit Tragflügelprofilen und der Grenzschichtforschung befassten, also keinen unmittelbar militärischen Charakter besaßen. Eine besondere Aufgabe bestand in der Mitwirkung an der Konstruktion des turbulenzarmen großen Windkanals Tark 2 der AVA, der in Reyershausen im Bau war. Darüber hinaus gab es weitere theoretische Forschungen zum Propellerstrahl und zu Turbulenzproblemen.

Hispano-Suiza (Bois-Colombes)

Hierbei handelte es sich um eines der großen französischen Industrieunternehmen, welches vor allem im Automobilbau tätig war. Bereits ab 1914 wurden in einem selbständigen Pariser Tochterunternehmen in Bois-Colombes Flugmotoren produziert, später vervollständigten Teile für die Flugzeugindustrie, darunter auch Bordwaffen, das Fertigungsprogramm. Der 1938 in Betrieb gegangene Windkanal des Werkes fand ob seiner Leistungsparameter auf Seiten der AVA eine besondere Aufmerksamkeit. Mit seinem einstufigen Gebläse mit einer Leistung von 2.850 kW und einer Stromgeschwindigkeit von 85 m/s gehörte er schon zu einem der größeren Niedergeschwindigkeitswindkanäle in offener Bauweise. Der Düsendurchmesser von 5,0 m und die Länge der variablen offenen Messstrecke von 8 und 10 m gestattete die Vermessung großer Modelle bzw. Originalbauteile.

Dies schlug sich dann auch im Forschungsprogramm nieder. Ebenfalls unter Leitung von Käufl stehend, signalisierte als erster BMW für seine Flugmotorenforschung Interesse an Versuchen in diesem Kanal. Recht schnell stellte sich aber heraus, dass aufgrund aerodynamischer Probleme der Kanal dafür nicht zu gebrauchen war. Reinhold Seiferth, der Leiter des AVA-

Der Windkanal von Issy-les-Moulineaux im Bau.

Medaille mit dem Porträt von Joseph Pérès.

Windkanalmodell der Loire-Nieuport 10 im Écomusée de Saint-Nazaire.

Instituts für Windkanäle, unterbreitete vor Ort Vorschläge für erhebliche konstruktive Veränderungen, begründet mit der Bedeutung für die Strahltriebwerksforschung, für die eine geschlossene Luftrückführung ungeeignet sei. Interessant ist hierbei, dass damit die ursprüngliche Einschränkung der Nutzung von Forschungsanlagen in den besetzten Ländern bzgl. moderner Technik ad acta gelegt wurde. Die weitere Nutzung des Kanals in der Folgezeit (u. a. Schnellflugprofile und Staustrahltriebwerk Argus-Rohr für die Fi 103) unterstrich dies.

Société Nationale de Constructions Aéronautiques du Sud-Ouest (Issy-les-Moulineaux)

Die SNCASO war ein im Jahr 1936 staatlich beschlossener Zusammenschluss der privaten Flugzeugfirmen Breguet und Loire-Nieuport, die ab 1940 umfassend in die deutsche Luftrüstung eingebunden waren. Die Leitung der Anlage blieb in französischer Hand (Leitung Jean Monnin). Bei der SNCASO begann die Nutzung der Forschungsanlagen durch die AVA erst sehr spät im Januar 1943 und dauerte nur relativ kurze Zeit, obwohl das Institut über eine gute Ausstattung auch mit Windkanälen und zudem über erfahrene Mitarbeiter verfügte.

Ungeachtet dessen blieben die Forschungsaufträge dem Umfang und der Bedeutung nach gering und beschränkten sich auf Laminarprofilvermessungen. Das lag vor allem an der Erledigung vorrangig wichtigerer Aufträge durch die AVA. Bis April 1944 wurden die Messreihen durchgeführt und dann abgeschlossen.

Université Sorbonne (Paris)

Albert Betz bereiste im Oktober 1941 auch die Sorbonne und führte Gespräche mit dem Direktor des Instituts für Strömungsmechanik Joseph Pérès.

Im Mittelpunkt standen theoretische Arbeiten der Strömungsmechanik, die in praktischen Versuchen im Großen Windkanal von Chalais-Meudon, der einen elliptischen Querschnitt besaß, verifiziert worden waren. Wegen dieses technischen Details und ob seiner Abmessungen (16 x 8 m) schien er geeignet, um auch Versuche an Originalflugzeugen durchführen zu können.

Obwohl bereits im Januar 1942 solcherart Versuche seitens des RLM genehmigt wurden, verzögerten sich diese immer wieder. Sie wie auch weitere Untersuchungen an der Sorbonne verliefen quasi im Sande und scheiterten an der passiven Haltung der beteiligten französischen Wissenschaftler. Offensichtlich lag es an der hohen internationalen Reputation vor allem von Pérès und des Instituts wie auch an der Zurückhaltung der AVA, dass diese Passivität keine Konsequenzen von Seiten der Besatzer nach sich zog. Im Hinblick auf die anderen von der AVA in Anspruch genommenen Stellen ist das Beispiel der Sorbonne der einzige bekannte Fall eines hinhaltenden Widerstands. Nach März 1943 gab es keine Zusammenarbeit mehr.

Der Vollständigkeit halber sei erwähnt, dass die AVA auch in Finse (Norwegen), Prag, Kufstein, Charkow und Riga Außenstellen betrieb, die mit kriegswichtigen Forschungsarbeiten betraut waren.

Vermessung der Rumpf-Leitwerkkonstruktion des Bombers Heinkel He 177 B-5 im Windkanal von Chalais-Meudon. ▸

5.

Die Entwicklung nach 1945 bis heute

Nach dem Ende des Zweiten Weltkriegs waren die Entwicklung und der Bau von Flugzeugen in Deutschland über das alliierte Kontrollratsgesetz Nr. 25 zunächst verboten. Während ein Teil der Luftfahrtforschungsanstalten in den Folgejahren demontiert und geschlossen wurde, konnten einige Forschungseinrichtungen, darunter die Aerodynamische Versuchsanstalt in Göttingen und die Deutsche Forschungsanstalt für Luftfahrt in Braunschweig, sukzessive ab 1953 wieder ihren Betrieb aufnehmen. Das Luftfahrtforschungsverbot endete in der Bundesrepublik am 5. Mai 1955, als das Besatzungsstatut mit der Unterzeichnung der Pariser Verträge aufgehoben wurde, die Bundesrepublik ihre Souveränität und damit auch die Lufthoheit zurückerlangte. Nach der weitgehenden Demontage und teilweisen Zerstörung der Windkanäle in den deutschen Luftfahrtforschungseinrichtungen durch die Alliierten in der zweiten Hälfte der 1940er-Jahre begann in den 1950er-Jahren neben dem Wiederaufbau der Forschungsanstalten auch die Neuerrichtung zahlreicher Windkanäle in den Forschungszentren. In der AVA in Göttingen wurde der erste Windkanal der Nachkriegszeit im Jahr 1955 fertiggestellt. Es handelte sich dabei um einen turbulenzarmen Windkanal Göttinger Bauart mit einem Messquerschnitt von 0,3 x 1,5 m. Die maximale Strömungsgeschwindigkeit betrug 45 m/s. Ein Jahr später ergänzte eine neu errichtete Gitterversuchsstrecke für transsonische Strömungen die Versuchseinrichtungen der Forschungsanstalt, und zwei Jahre später, im Jahr 1958, konnte die AVA neben einem Überschallwindkanal den sogenannten 3-Meter-Windkanal in Betrieb nehmen. Dieser Windkanal war ein Kanal mit geschlossener Luftstromführung, der einen quadratischen Messquerschnitt von 3 x 3 m aufwies. In diesem Windkanal konnte eine maximale Strömungsgeschwindigkeit von 55 m/s erreicht werden. Die Antriebsleistung betrug 750 kW.

Der 3-Meter-Windkanal öffnete der AVA und der späteren Deutschen Forschungs- und Versuchsanstalt für Luft- und Raumfahrt (DFVLR) die Tür zur Zusammenarbeit mit der europäischen Luftfahrtindustrie. So fanden die ersten Windkanalmessungen an einem Airbus-Modell im 3-Meter-Windkanal in Göttingen statt.

Die DFVLR war durch den Zusammenschluss der drei großen Luftfahrtforschungsanstalten in der Bundesrepublik, nämlich der Deutschen Versuchsanstalt für Luft- und Raumfahrt (DVL) in Köln, der Deutschen Forschungsanstalt für Luft- und Raumfahrt (DFL) in Braunschweig und der AVA in Göttingen im Jahr 1969 zustande gekommen. 1989 wurde die DFVLR in Deutsche Forschungsanstalt für Luft- und Raumfahrt (DLR) umbenannt. Sie änderte ihren Namen unter Beibehaltung des Akronyms DLR im Jahr 1997 nach der Fusion mit der Deutschen Agentur für Raumfahrtangelegenheiten (DARA) in Deutsches Zentrum für Luft- und Raumfahrt.

Aber nicht nur die ehemaligen Forschungseinrichtungen bauten ihre Kapazitäten wieder auf, sondern auch die Lehr- und

Die erste Messung eines Airbusmodells (A300) im 3-m-Windkanal der AVA im Jahr 1969.

Forschungseinrichtungen der einschlägigen Universitäts- und Hochschulanstalten, angepasst an den Grad ihrer Einbindung in den Aufbau der zivilen wie der militärischen Luftfahrt. Da vorerst allerdings im westlichen Teil Deutschlands die industrielle Fertigung von Luftfahrzeugen vorrangig ausgerichtet war auf die Lizenzproduktion bewährter Typen der Partnerländer, gab es hier keinen signifikanten Anlass, eigene Windkanalkapazitäten aufzubauen. Dies sollte sich später auch nicht wesentlich ändern, da die bestehenden Forschungseinrichtungen den Bedarf decken konnten. Die DDR bildete hier einen Sonderfall, da mit dem Aufbau einer eigenen Luftfahrtindustrie ab Mitte der 1950er-Jahre und durch die Einbindung in das sozialistische Wirtschaftssystem wie auch anderer spezieller Faktoren ein anderes Bedingungsgefüge vorhanden war. In der Bundesrepublik prägten sowohl die genannten Forschungszentren wie auch die höheren Lehreinrichtungen das Bild bezüglich des Aufbaus eigener stark praxisorientierter Windkanalkapazitäten, die neben der Modernisierung der noch vorhandenen Anlagen vorrangig neue aufbauten und in breitem Maße in Betrieb nahmen. Im Verlauf der umfassenden Modernisierungen wie auch bei der Schaffung neuer Kapazitäten behielten die Bauarten Göttingen und Eiffel ihre Bedeutung.

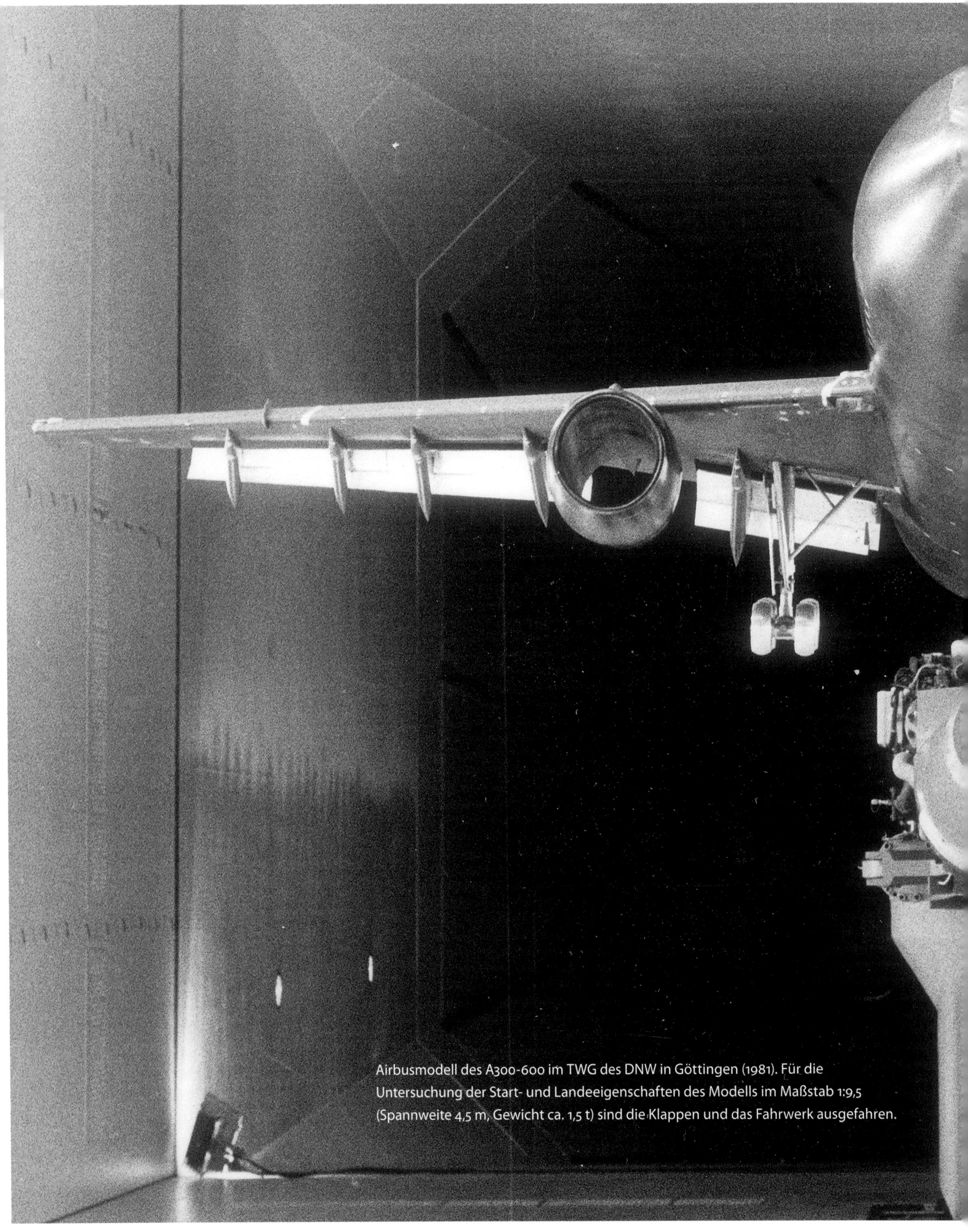

Airbusmodell des A300-600 im TWG des DNW in Göttingen (1981). Für die Untersuchung der Start- und Landeeigenschaften des Modells im Maßstab 1:9,5 (Spannweite 4,5 m, Gewicht ca. 1,5 t) sind die Klappen und das Fahrwerk ausgefahren.

Der 1-m-Niedergeschwindigkeitswindkanal des DLR in Göttingen.

Der 1-Meter-Niedergeschwindigkeitswindkanal des DLR in Göttingen

Nach der Demontage und Zerstörung der Windkanäle der AVA in der unmittelbaren Nachkriegszeit bestand der Wiederaufbau der Forschungseinrichtung ab 1953 zunächst im Neubau von Versuchsanlagen. Die Finanzierung dieser Anlagen wurde durch den Bund getragen. Mitarbeiter hatte die AVA erst wieder ab 1958. Das für den Betrieb der ersten Versuchsanlagen benötigte Personal wurde zunächst vom Max-Planck-Institut für Strömungsforschung bereitgestellt und 1958 dann in die AVA überführt. Im Jahr 1962 konnte ein 1-Meter-Niedergeschwindigkeitswindkanal auf dem AVA-Gelände in Betrieb genommen werden. Es handelte sich dabei um einen Windkanal Göttinger Bauart, der bis heute modernisiert im DLR im Einsatz ist. Er wies einen elliptischen Messquerschnitt von 0,7 x 1,0 m auf und konnte eine maximale Strömungsgeschwindigkeit von 65 m/s erzeugen. In ihm können nach wie vor sowohl stationäre als auch instationäre Messungen im Niedergeschwindigkeitsbereich vorgenommen werden. Der 1-Meter-Kanal befindet sich im Haus 6 des DLR, das 1936 fertiggestellt wurde und das den bereits an anderer Stelle beschriebenen großen Windkanal der AVA, den Windkanal VI, beherbergte. Dieser Kanal wurde durch die Briten nach Kriegsende demontiert. Da das Gebäude selbst erhalten blieb, konnte darin ein Teil der ersten Windkanäle der AVA in der Nachkriegszeit untergebracht werden. Dies hatte den Vorteil, dass die Beschaffungskosten für den Windkanal nicht noch durch zusätzlich benötigte Gelder für ein neues Gebäude in die Höhe getrieben wurden. Der Windkanal selbst kostete 230.000 DM. Für den Elektronikanteil des Kanals waren 185.000 DM nötig, sodass die Gesamtkosten der Anlage bei 415.000 DM lagen. Die Messtechnik in dem Kanal wurde regelmäßig auf den neuesten Stand gebracht, sodass die Messdaten heute mit modernster Software automatisiert ausgewertet werden.

Aktuell dient der Windkanal vornehmlich der Erforschung der Hubschrauberaerodynamik. Da er über eine offene Messstrecke verfügt, können verschiedene Versuchsvorrichtungen in den Kanal integriert werden, was ihn damit überaus flexibel gestaltet.

So ist es zum Beispiel möglich, einen Nickschwingungsversuchsstand in die Messstrecke einzubauen, um Rotorprofile zu vermessen. Es ist außerdem möglich, bewegte Profile in dem Windkanal zu untersuchen. Zudem können instationäre Geschwindigkeitsfeldmessungen mit Frequenzen von bis zu 1 kHz durchgeführt werden. Durch seine hohe Flexibilität eignet sich der Windkanal insbesondere auch für die Projektanbahnung, beispielsweise für das DLR-Luftfahrtforschungsprogramm oder für geförderte Projekte der DFG. Er wird daher häufig von Studierenden und Doktoranden im DLR genutzt, die in diesem Kanal kostengünstig Versuche durchführen können. Des Weiteren steht der Windkanal auch für internationale Kooperationen des DLR, beispielsweise mit dem NLR, der ONERA und der NASA zur Verfügung.

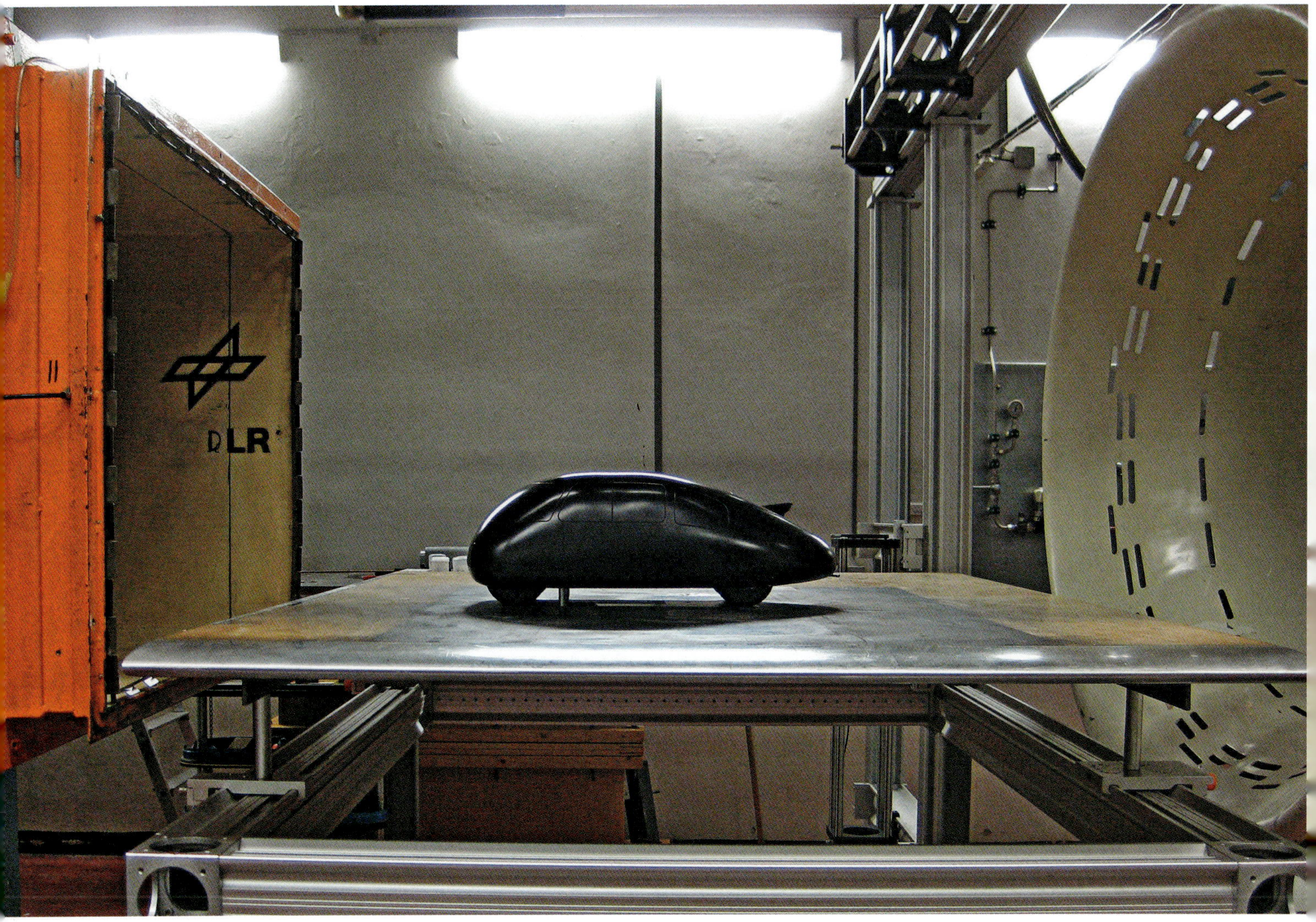

Untersuchung eines Modells des Schlörwagens im 1-m-Niedergeschwindigkeitswindkanal.

Der Transsonische Windkanal des DNW in Göttingen

Im Jahr 1963 wurde in der AVA der sogenannte Transsonische Windkanal Göttingen (TWG) fertiggestellt, der bis heute in modernisierter Konfiguration wertvolle Erkenntnisse im Bereich der Luft- und Raumfahrtforschung liefert. In den frühen 1960er-Jahren gab es in Deutschland keine vergleichbare Versuchsanlage. Finanziert wurde der TWG im Rahmen des Windkanal-Programms des Bundesverkehrsministeriums. Allein die Baukosten für den Kanal betrugen 8,131 Millionen DM. Elektronik und Messtechnik erforderten weitere 2,071 Millionen DM, sodass die gesamte Anlage über 10 Millionen DM kostete und damit zu den Großforschungsanlagen in den westdeutschen Luftfahrtforschungseinrichtungen gehörte. Auch für diesen Windkanal musste nicht eigens ein neues Gebäude in der AVA errichtet werden. Er konnte in das Gebäude 21 integriert werden, das bereits zu Beginn der 1940er-Jahre errichtet worden war und damals den größten Kältewindkanal Europas beherbergen sollte.

Der sogenannte GR II, benannt nach seinen Konstrukteuren Helmut Glaser und Ludolf Ritz, wurde 1943 fertiggestellt und brannte in der Nacht vom 18. auf den 19. April 1943 nieder. Funkenflug bei Bauarbeiten hatte den Brand ausgelöst, und da der Kanal innen mit Kork ausgekleidet gewesen war (hier war die komplette Jahreskorkernte Portugals verbaut worden), war eine Löschung des Brandes nicht möglich. Einzig die Betonröhre und

Der Transsonische Windkanal TWG des DNW in Göttingen.

Arbeiten an den austauschbaren Messstrecken des TWG in Vorbereitung von Versuchen. ▼

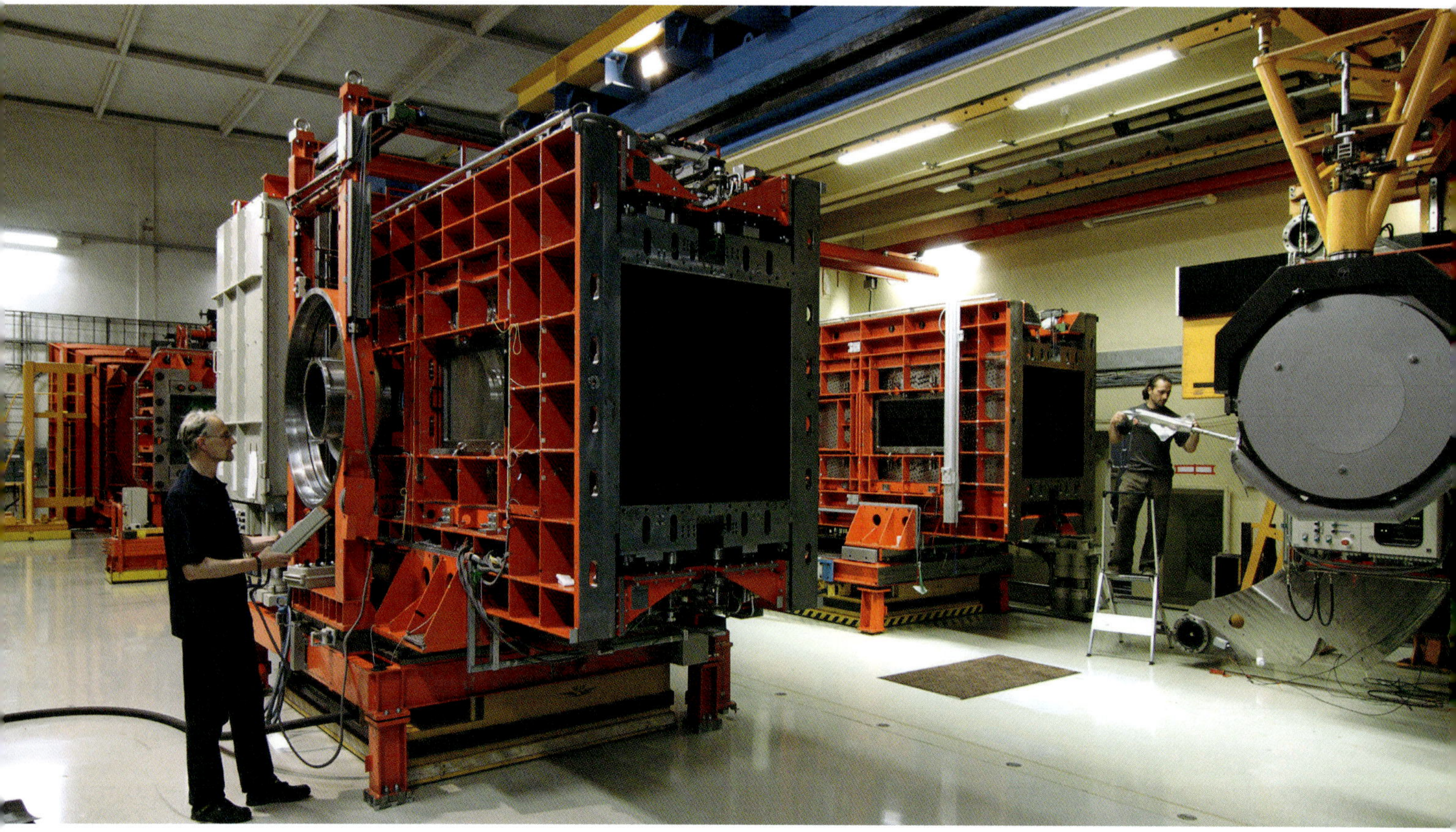

die Hülle des Gebäudes blieben intakt. Der TWG ist ein Windkanal Göttinger Bauart und hat eine Länge von 50 Metern und eine Höhe von 12 Metern. Der Messquerschnitt beträgt 1 x 1 m. Der TWG verfügt über drei austauschbare Messstrecken, und zwar eine für den Unterschall-, eine für den transsonischen und eine für den Überschallbereich.

Die Strömungsgeschwindigkeiten, die in dem Windkanal erzeugt werden können, liegen zwischen Mach 0,3 und Mach 2,2. Für diesen Geschwindigkeitsbereich ist der TWG heute deutschlandweit einmalig. Angetrieben wird der Windkanal von einem 12 MW-Elektromotor, der einen achtstufigen Axialkompressor in Bewegung setzt, der für den Luftumlauf im Kanal sorgt. Der Windkanal steht in einer zweischaligen, schallgedämpften und fensterlosen Halle. Zudem ist die Kanalröhre elastisch gelagert, um eine Übertragung vom Schallkörper auf das Gebäude zu verhindern. Im TWG kann beispielsweise das Verhalten von Flugzeugen nahe der Schallgeschwindigkeit untersucht werden. Der transsonische Geschwindigkeitsbereich ist vor allem im Hinblick auf die sogenannte Flattererscheinung der kritischste Bereich und verlangt daher besondere Aufmerksamkeit. Flattererscheinungen sind Schwingungen, die an Flugzeugbauteilen auftreten und die im schlimmsten Fall zum Absturz eines Flugzeugs führen können. Nicht nur Flugzeuge, sondern auch Raumfahrzeuge können im TWG im Modellmaßstab untersucht werden. Heute wird der TWG von der Stiftung Deutsch-Niederländische Windkanäle (DNW) betrieben. Diese wurde 1976 durch die damalige DFVLR und das niederländische Nationaal Lucht- en Ruimtevaartlaboratorium (NLR) ins Leben gerufen. Großforschungsanlagen wie der TWG werden heute nicht mehr allein von einer Institution betrieben, sondern im Verbund genutzt, um die Betriebs- und Instandhaltungskosten für die einzelnen beteiligen Institutionen in einem finanzierbaren Rahmen zu halten.

Die geöffnete vertikale Messstrecke (VMK) in Köln-Porz.

Die Vertikale Messstrecke (VMK) des DLR in Köln-Porz

Das DLR betreibt an seinem Standort in Köln-Porz eine Reihe von Überschall- und Hyperschallwindkanälen. Diese befinden sich in einem gemeinsamen Gebäudekomplex und werden durch eine zentrale Infrastruktur versorgt. Ein Teil dieser Anlagen sind sogenannte Blow-Down-Windkanäle, in denen nur für einen kurzen Zeitraum hohe Strömungsgeschwindigkeiten erzeugt werden können. Die Vertikale Messstrecke (VMK) ist Teil eines größeren Überschallwindkanals, der nicht nur über eine vertikale, sondern auch über eine horizontale Messstrecke verfügt. So kommt, je nach Versuchsanordnung, entweder die horizontale oder die vertikale Messstrecke bei einem Experiment zum Einsatz. In der VMK können Strömungsgeschwindigkeiten zwischen Mach 0,5 und Mach 3,2 erzeugt werden. Die Anlage arbeitet intermittierend nach dem Speicherprinzip. Das bedeutet, dass die Energie über einen längeren Zeitraum in einem Wärmespeicher gespeichert und dann für einen kurzen Versuch in hoher Strahlleistung zur Verfügung steht. Pro Tag können bis zu 10 Windkanalexperimente stattfinden. Die Messdauer beträgt dabei jeweils bis zu 60 Sekunden. Die Vertikale Messstrecke ist direkt auf dem senkrechten Stutzen des Wärmespeichers angebracht. Zwischen der Freistrahl-Messstrecke und dem Wärmespeicher befindet sich ein Übergangsstück, in

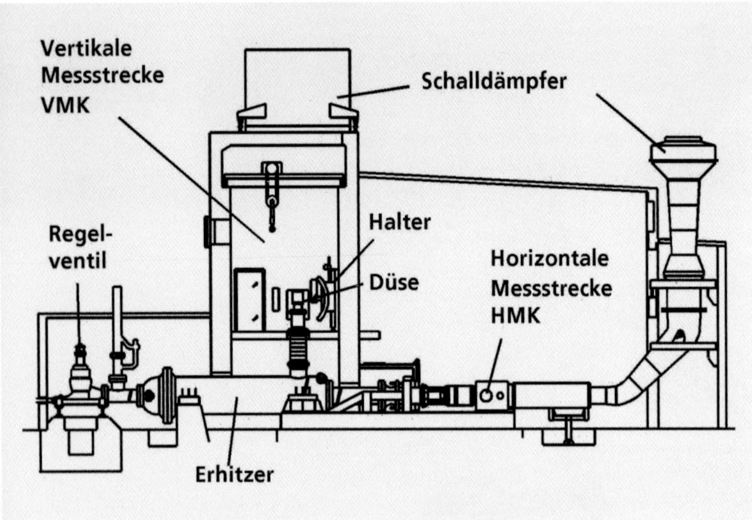

Schnitt durch die Vertikale Messstrecke VMK.

dessen oberem Bereich, je nach Bedarf, verschieden große Überschalldüsen eingebaut werden können, die einen Durchmesser zwischen 184 mm und 340 mm aufweisen. Die Windkanaldüse mündet in die vertikale Freistrahl-Messstrecke, in der ein statischer Druck von 1 bar herrscht.

Die Freistrahl-Messstrecke ist von einem überdrucksicheren, 11 m hohen Betonturm umgeben. Um die Messstrecke explosionssicher zu gestalten, wurden die 70 cm dicken Betonwände armiert, und die Stahltüren halten einem Druck von bis 6 bar stand. Eine Sicherheitsklappe öffnet sich bereits bei geringem Überdruck. Abgeschlossen wird die Messstrecke im oberen Teil durch einen Schalldämpfer, da auch dieser Windkanal eine hohe Schallabstrahlung erzeugt. Die VMK eignet sich zum Beispiel für Messungen an Triebwerkseinläufen. Durch die explosionssichere Messstrecke können sogar die Schuberzeugung und Steuerung von Flugkörpern durch Feststofftreibsätze untersucht werden. Damit bei solchen Experimenten durch die heißen Abgase keine Schädigung am Schalldämpfer entsteht, kann dieser seitwärts weggeklappt werden.

Entwickelt wurde die VMK bereits Anfang der 1950er-Jahre durch eine Forschergruppe des Aerodynamischen Instituts der Technischen Hochschule Aachen. Diese sollte eine entsprechende Anlage für das Institut für Aerodynamik der nach dem Zweiten Weltkrieg wiedergegründeten Deutschen Versuchsanstalt für Luftfahrt entwickeln, das sich bis 1963 an der Technischen Hochschule in Aachen befand. Das Institut wurde 1964 nach Porz-Wahn ausgegliedert, wo die DVL ein neues Forschungsgelände erschloss. So wurde auch der Überschallwindkanal mit der horizontalen und vertikalen Messstrecke nach Porz-Wahn verlagert und dort wieder aufgebaut. Die Versuchsanlage konnte schließlich am 4. Juni 1965 auf dem neuen Areal der DVL in Betrieb genommen werden.

Die Large Low-speed Facility (LLF) des DNW in Marknesse

In den 1960er-Jahren gab es in Europa eine Vielzahl unterschiedlicher Windkanäle. Doch war ein Teil von ihnen bereits seit Jahrzehnten im Einsatz und entsprach damit nicht mehr den Anforderungen, die nötig gewesen wären, um die Flugzeugentwicklung entscheidend voranzutreiben. Insbesondere zeitgemäße Niedergeschwindigkeitswindkanäle, in denen das Verhalten von Flugzeugmodellen beim Start und bei der Landung simuliert werden konnte, fehlten in Deutschland, Frankreich, den Niederlanden und in Großbritannien. So begannen diese Länder in den frühen 1970er-Jahren auf nationaler Ebene neue Anlagen zu planen. Die DFVLR arbeitete an der Konzeption eines Großen Unterschall-Kanals (GUK) mit zwei Messstrecken: Eine sollte einen Messquerschnitt von 9,5 x 9,5 m aufweisen und die andere eine Abmessung von 6 x 6 m haben. Das NLR war damit beauftragt, einen Niedergeschwindigkeitswindkanal (LST) mit einem Messquerschnitt von 8 x 6 m zu entwickeln. Da sich beide Niedergeschwindigkeitswindkanäle nur in den Messstrecken unterschieden, ansonsten aber mehr oder weniger baugleich geplant waren, entschieden sich Deutschland und die Niederlande aus Kostengründen zur Zusammenarbeit, die 1976 in der Gründung der Stiftung DNW mündete. Gemeinsam erarbeiteten Wissenschaftler der DFVLR und des NLR einen Kanal, der den Anforderungen beider Nationen gerecht werden sollte. Es entstand der sogenannte GUK-LST, der später in LLF umbenannt wurde. Der Windkanal wurde im niederländischen Marknesse gebaut und gehört bis heute zu den wichtigsten Industriewindkanälen in Europa. Die LLF, ein Windkanal Göttinger Bauart, verfügt über drei austauschbare Messstrecken in einer Länge von 40 m. Die größte hat einen Messquerschnitt von 9,5 x 9,5 m, wiegt 250 Tonnen und kann nur als geschlossene Messstrecke in den Windkanal eingebaut werden. Die mittlere Messstrecke weist einen Querschnitt von 8 x 6 m auf und kann sowohl als offene als auch als geschlossene Messstrecke genutzt werden. Die kleinste Messstrecke, wiederum eine ausschließlich geschlossene, hat einen Querschnitt von 6 x 6 m. Um die Messstrecken in den Kanal einzubauen, müssen diese aufgrund ihres Gewichts mit Luftkissen bewegt werden. In der großen Messstrecke können Strömungsgeschwindigkeiten von 62 m/s erreicht werden, in der mittleren Messstrecke zwischen 90 und 110 m/s, je nach-

Prof. Markus Raffel in seinem Nachbau des Lilienthal-Normalsegelapparats im Windkanal LLF des DNW.

dem, ob diese offen oder geschlossen eingebaut wird, und in der kleinen Messstrecke können Strömungsgeschwindigkeiten von bis zu 145 m/s erzielt werden. Die LLF wurde 1980 fertiggestellt und konnte ihren Betrieb im Jahr 1981 aufnehmen. In diesem Windkanal wurden Modelle sämtlicher Airbustypen getestet. Um die Messungen kostengünstig und effizient zu gestalten, wurde für die Experimente eigens ein Airbus-Windkanalmodell entwickelt, das auseinandernehmbar ist und mit neuen Komponenten versehen werden kann. 2016 diente LLF dazu, die Geheimnisse des Normalsegelapparats von Otto Lilienthal zu enträtseln. Anlässlich des Jubiläums „125 Jahre Menschenflug" wurde ein Nachbau dieses Lilienthal-Gleiters in dem Windkanal eingehend untersucht. Man konnte über die Windkanalversuche nachweisen, dass der Normalsegelapparat das erste stabil fliegende Fluggerät gewesen ist.

Er konnte Windgeschwindigkeiten von bis zu 36 km/h standhalten und wies eine Gleitzahl von 4 auf, was einem herkömmlichen Gleitschirm entspricht. Nachgebaut wurde der Normalsegelapparat von Wissenschaftlern des DLR in Kooperation mit dem Otto-Lilienthal-Museum in Anklam. Um den Nachweis zu erbringen, dass die gleiche Bauausführung des Normalsegelapparates auch im freien Flug mit einem Menschen

Der im Computerbild sichtbar gemachte Strömungsverlauf in Auswertung des Windkanaltests des Lilienthal-Normalsegelapparats im LLF.

zuverlässig seinen Dienst verrichtet, ließ Professor Dr.-Ing. Markus Raffel ebenfalls im Anklamer Museum eine solche Ausführung und zusätzlich einen Doppeldecker nachbauen, gleichfalls nach den Originalunterlagen Lilienthals. Raffel, beim DLR im Institut für Aerodynamik und Strömungstechnik tätig, also ein ausgewiesener Fachmann, initiierte den Bau wie auch die anschließenden Flugversuche 2019 in den USA auf eigene Kosten und eigenes Risiko.

Nach den Windkanalversuchen ebenfalls im LLF und nach ca. 25 durchgeführten Flügen kam er zu der Einschätzung, dass beide Apparate die Qualität der Forschungen und Versuche Lilienthals uneingeschränkt bestätigen und die Apparate nach einiger Übung und Beachtung bestimmter Parameter des praktischen Fliegens sicher zu fliegen sind.

Der Modell-Unterschallkanal MUB der TU Braunschweig

Der MUB ist ein Windkanal, der ähnlich wie der Kleine Windkanal der DVL als Vorläufermodell für eine größere Ausführung errichtet worden ist. Er ist als kleinerer Bruder des LLF in Marknesse anzusehen. Auch der MUB verfügt über drei austauschbare Messstrecken, die für unterschiedliche Untersuchungen von Profilen und für Komponenten von Luft- und Bodenfahrzeugen zum Einsatz kommen.

Die beiden geschlossenen Messstrecken verfügen bei einer Länge von 3,0 m über die Abmessungen 1,3 x 1,3 bzw. 0,8 x 0,8 m. Hier beträgt bei einer Antriebsleistung von 300 kW (Gleichstrommotor) die Luftstromgeschwindigkeit 60 m/s, während in der kleinen geschlossenen Messstrecke 130 m/s erreichbar sind. Bei allen Messstrecken ist der flexible Zugriff durch verschieb- und austauschbare Wände gewährleistet. Durch eine feste Bodenplatte sind Messungen an Bodenfahrzeugen möglich. In der Beruhigungskammer vor den Messstrecken befinden sich neben einem Wärmetauscher, der die Strömungstemperatur auf max. 10°C über der Umgebungstemperatur begrenzt, auch Gleichrichter zur Turbulenzvermeidung und zur Erzielung einer möglichst sauberen Luftströmung.

Die Messungen erfolgen mittels eines 3-Komponentensystems für berührungslose Messungen, eines Infrarot-Kamerasystems für Temperaturmessungen und über zwei Sechs-Komponentenwaagen (je eine intern und extern). Die

Windkanal MUB der TU Braunschweig.

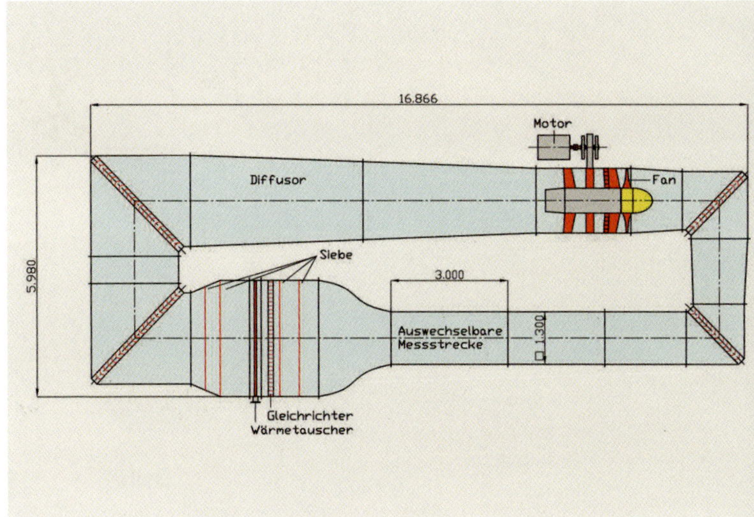

Prinzipskizze des MUB der TU Braunschweig.

Messtechnik ist mit den Messsystemen des DNW und des Niedergeschwindigkeitswindkanals der TU Braunschweig (NWB) kompatibel.

Der Europäische Transsonische Windkanal der ETW GmbH in Köln

Einer der weltweit modernsten Windkanäle befindet sich in Köln-Porz in unmittelbarer Nachbarschaft zum DLR. Es handelt sich dabei um den sogenannten Europäischen Transsonischen Windkanal (ETW), der 1992 fertiggestellt wurde und seit 1994 für Versuche zur Verfügung steht.

In dieser Anlage nach Göttinger Bauart können Flugzeugmodelle unter fast realen Flugbedingungen untersucht werden. Um dies zu erreichen, wird flüssiger Stickstoff in den Windkanal geleitet, der sich nach seiner Verdampfung in dann gasförmigem Zustand durch die Messstrecke auf das Modell zubewegt. Der Stickstoffstrom, der durch die Messstrecke führt, wird auf bis zu minus 160 Grad Celsius abgekühlt und der Druck bis auf das 4,5 fache der Erdatmosphäre erhöht. Unter diesen Bedingungen werden die Moleküle künstlich beruhigt und ihre Abstände zueinander verkleinert. Das ist notwendig, da Flugzeuge in dem Windkanal nicht in Originalgröße, sondern im Modellmaßstab untersucht werden und man über die erzeugte Versuchsumgebung jene Bedingungen simulieren kann, die an einem Flugzeug in Originalgröße herrschen. Die Stickstoffmengen, die an einem Messtag benötigt werden, belaufen sich auf bis zu 1.500 Tonnen. Zwar verfügt die Windkanalanlage über ein Stickstofflager, doch reicht dieses nicht aus, um den Windkanal einen ganzen Tag lang zu betreiben. Daher müssen täglich bis zu 600 Tonnen Stickstoff aus einer 20 km entfernten Fertigungsstätte nach Porz-Wahn gebracht werden, um den Vorrat aufzufüllen. Die Messstrecke hat einen rechteckigen Querschnitt von 2,0 x 2,4 m, sodass darin Flugzeugmodelle mit einer Spannweite von bis zu 1,5 m untersucht werden können. Alternativ können auch sogenannte Halbmodelle, also Flügelprofile mit halber Spannweite, vermessen werden. In dem Windkanal können Strömungsgeschwindigkeiten von M 0,15 bis zu M 1,35 erzeugt werden. Ein wichtiges Merkmal der Strömung ist die sogenannte Reynolds-Zahl. Diese ist dimensionslos und durch die Strömungsgeschwindigkeit, eine charakteristische Länge im Strömungssystem und die dynamische Viskosität der strömenden Flüssigkeit definiert. Im ETW können an Vollmodellen, also Flugzeugmodellen mit voller Flügelspannweite, Reynolds-Zahlen von bis zu 50 Millionen erreicht werden, bei Halbmodellen Reynolds-Zahlen von bis zu 85 Millionen. Die Windkanalanlage sieht vor, Druck, Temperatur und Geschwindigkeit im Kanal separat zu regeln, sodass die Mach-Zahl, die Reynolds-Zahl und der Staudruck getrennt voneinander gesteuert werden können. Dies ermöglicht die isolierte Betrachtung einzelner Parameter. Pro Tag können im ETW bis zu drei Testkonfigurationen untersucht werden. Die Baukosten für den ETW betrugen rund 330 Millionen Euro.

Da solch enorme Summen nicht von einer einzelnen Forschungseinrichtung getragen werden können, wurde 1988 ein eigenständiges Non-Profit-Unternehmen gegründet, die ETW GmbH. Vertreten waren darin zunächst vier Nationen: Frank-

Luftaufnahme des ETW in Köln-Porz (1993).

reich, die Niederlande, Großbritannien und Deutschland. Die jeweiligen nationalen Forschungseinrichtungen dieser vier Länder erarbeiteten gemeinsam die Anforderungen, denen der ETW gerecht werden sollte, und betrieben den Kanal miteinander im Verbund. 2012 stieg das französische Luft- und Raumfahrtforschungszentrum ONERA (Office national d'études et de recherches áerospatiales) aus der ETW GmbH aus. Seitdem wird der Windkanal durch die verbliebenen drei Nationen betrieben. Aktuell ist das DLR mit 45 % Teilhaber am ETW, zwei englische Unternehmen sind ebenfalls mit 45 % beteiligt, und das NLR ist zu 10 % Teilhaber. Die Betriebskosten des ETW belaufen sich jährlich auf rund 10 Millionen Euro, sodass der Kanal ausschließlich von der Luft- und Raumfahrtindustrie genutzt wird, da die Versuchskosten pro Messtag zwischen ca. 90.000 und 120.000 Euro liegen und somit für kleinere Unternehmen kaum noch erschwinglich sind.

Der Niedergeschwindigkeitswindkanal der Flugzeugwerke Dresden

Der Großteil der bisher in diesem Kapitel beschriebenen Windkanäle befindet sich in Forschungseinrichtungen oder wird von diesen im Verbund betrieben. Anders als in der Automobilbranche, in der zahlreiche Automobilbauer über werksinterne Windkanäle für die Entwicklung neuer Fahrzeuge verfügen, lassen die großen Flugzeughersteller heute ihre Neuentwicklungen aus Kostengründen in renommierten Luftfahrtforschungseinrichtungen untersuchen. In Deutschland gab es in der Vergangenheit auch eine ganze Reihe von sogenannten Industriewindkanälen,

Modell des ETW.

die direkt Flugzeugwerken angeschlossen waren. Der Großteil der deutschen Industriewindkanäle wurde nach dem Ende des Zweiten Weltkriegs durch die Alliierten demontiert und teilweise auch abgerissen. Im Zuge des Wiederaufbaus der Luftfahrtforschungseinrichtungen in der Bundesrepublik in den 1950er-Jahren verzichteten etliche Flugzeughersteller auf den Wiederaufbau betriebseigener Windkanäle und nutzten die Infrastruktur der Luftfahrtforschungseinrichtungen. In der DDR zeichnete sich in den 1950er-Jahren ein anderes Bild ab. Die einzige deutsche Forschungseinrichtung für Luftfahrtbelange, die nach dem Ende des Zweiten Weltkriegs in der sowjetischen Besatzungszone lag, war die DVL, 1912 in Adlershof gegründet. Sie wurde 1945 sukzessive demontiert und geschlossen. Es kam zwar in den späten 1940er-Jahren zu einer Wiedergründung der DVL, allerdings nicht in Berlin-Adlershof, sondern in Essen-Mülheim, sodass mit der Teilung Deutschlands und der Gründung der beiden deutschen Staaten im Jahr 1949 die DDR nicht mehr über eine etablierte Luftfahrtforschungsanstalt verfügte. Als die DDR in den frühen 1950er-Jahren, sanktioniert und gefördert durch die Sowjetunion, in den Bau von Flugzeugen einsteigen wollte, mussten somit neue Industriewindkanäle geschaffen werden. Als Zentrum der DDR-Flugzeugindustrie wurden Dresden und Pirna auserkoren und 1955 die Flugzeugwerke Dresden auf dem Gelände der ehemaligen Luftkriegsschule „Sachsen/Schlesien" gegründet. Daneben entstanden mehrere Fertigungswerke für Kolbenmotoren und Strahltriebwerke wie für weitere Ausrüstungsteile. Technischer Direktor und Chefkonstrukteur wurde der erfahrene Diplom-Ingenieur Brunolf Baade, der ab 1936

Prof. Dipl.-Ing. Brunolf Baade (1904–1969) referiert über Leichtbauprinzipien.

Leiter einer Konstruktionsabteilung bei Junkers in Dessau gewesen war und nach dem Ende des Zweiten Weltkriegs zunächst in der Sowjetunion als Chefkonstrukteur Strahlbomber konstruiert hatte.

Zwischen 1956 und 1958 erfolgte der Bau eines Niedergeschwindigkeitswindkanals auf dem Gelände der Flugzeugwerke Dresden im Ortsteil Klotzsche. Es handelte sich dabei um einen Windkanal Göttinger Bauart mit offener Messstrecke. Der Dresdner Kanal folgte in seiner Auslegung dem Adlershofer Großen Windkanal bzw. dem der Junkers-Werke in Dessau.

Nicht verwunderlich, lag doch die technische Leitung der Dresdner aerodynamischen Forschung in den Händen von Kuno Strauss, der schon in Dessau bis 1945 damit befasst war und gemeinsam mit dem Baade-Team ab Oktober 1946 nicht ganz freiwillig in der UdSSR arbeitete.

Wie in Adlershof und in Dessau war die Röhre als Stahlbetonbauwerk ausgeführt. Im Unterschied zum DVL-Kanal wurden sowohl Düse als auch Auffangtrichter als Stahl-Schweißkonstruktionen errichtet.

Niedergeschwindigkeitswindkanal NK-1 der Flugzeugwerke Dresden.

Haus 31 mit dem Niedergeschwindigkeitswindkanal NK-1, rechts der Lufteinlauf des Hochgeschwindigkeitswindkanals.

An der ebenfalls elliptisch ausgeführten Normaldüse mit den Achsmaßen 3,0 x 4,25 m konnte eine maximale Strömungsgeschwindigkeit von 72 m/s erreicht werden. Diese Düse konnte im Bedarfsfall durch eine sogenannte Flatter-Düse ausgetauscht werden, eine ebenfalls elliptische Düse mit einem Strahldurchmesser von 3,0 x 5,25 m. Die Flatter-Düse kam bei Flatteruntersuchungen im Windkanal zum Einsatz, bei denen das Schwingungsverhalten von Flugzeugteilen, also zum Beispiel von Tragflächen oder Rudern, untersucht werden sollte. Diese Art der Untersuchungen fällt aber bereits in den Bereich der Aeroelastik. Das Maximum der Strömungsgeschwindigkeit lag mit dieser Düse bei 55 m/s.

Die Herstellung von Flugzeugmodellen, die für Flatteruntersuchungen genutzt werden konnten, war in den 1950er-Jahren noch recht schwierig. Aus Werkstoffgründen konnte ein Flattermodell nur in einer Spannweite von über 4 m hergestellt werden, sodass das Modell beim Einsatz der Standarddüse links und rechts über den Messbereich hinausgeragt hätte. Die Flatterdüse mit dem signifikant größeren Strahldurchmesser bot mehr Raum für das Modell, sodass auch wichtige Schwingungs-

Luftauffangtrichter von NK-1 in Stahlausführung in der Bauphase.

untersuchungen in diesem Windkanal durchgeführt werden konnten. Auf Rädern fixiert ließ sich der Auffangtrichter axial in beide Richtungen um 3,0 m verschieben und so die Freistrahllänge zwischen 5,25 und 8,25 m variieren. Das ermöglichte den Einsatz von sehr langen Modellen.

Obwohl die aerodynamischen Einrichtungen in Dresden der Anwendungsforschung dienten und nicht der Grundlagenforschung, waren sie bautechnisch solide ausgeführt worden. So war die Stahlbetonröhreninnenwand mit einer glatten Spachtelschicht aus einer wasserlöslichen Vinidur-Dispersion ausreichend geglättet. Und noch einen Unterschied wies die Messtechnik im Vergleich mit dem Adlershofer Großen Windkanal auf.

Im DVL-Kanal waren die zu vermessenden Bauteile und Modelle „kopfüber" an Drähten an der Sechs-Komponentenwaage befestigt, die aber nur Zug- und keine Druckkräfte übertragen können. Im Dresdner Kanal hingegen kam eine ölhydraulische Sechs-Komponentenwaage mit optischer Anzeige und manueller Registrierung zum Einsatz. Die zu vermessenden Teile konnten somit in Normalfluglage auf einem Ständer fixiert werden.

Versuchsmessung des Projekts 153/1 unter Einsatz der hydraulischen Sechs-Komponentenwaage im NK-1.

Düse vor der Messstrecke des NK-1 mit dem Versuchsaufbau des 3-m-Modells des Projekts 153/1 (16.09.1958).

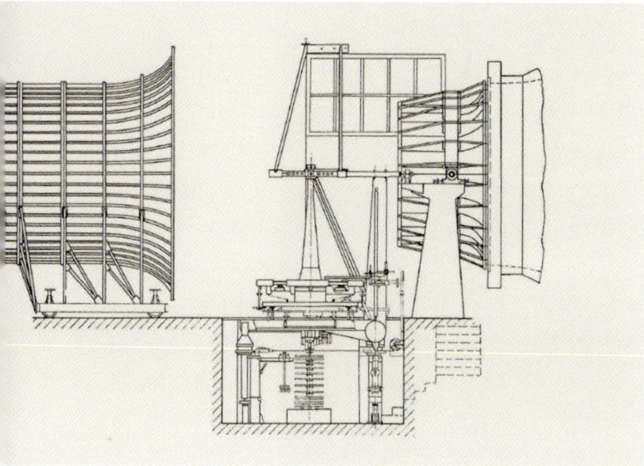

Prinzipskizze der offenen Messstrecke des NK-1.

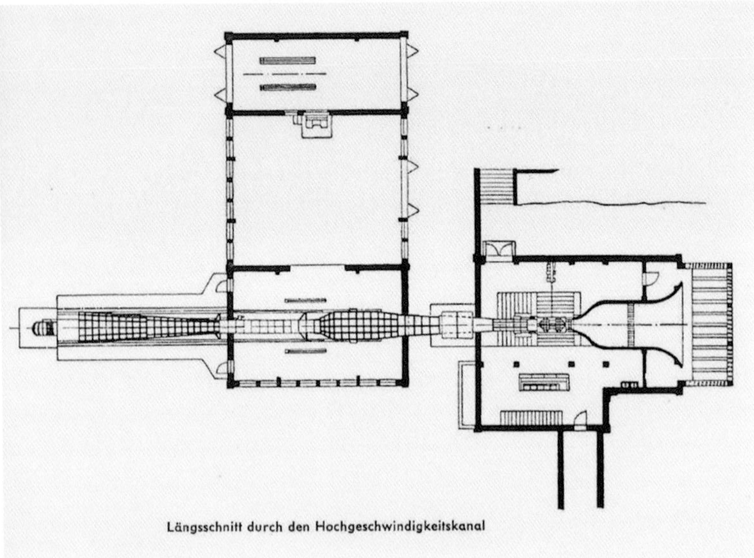

Längsschnitt des Hochgeschwindigkeitswindkanals HK.

Der Hochgeschwindigkeitswindkanal der Flugzeugwerke Dresden

Auf dem Gelände der Flugzeugwerke Dresden wurde zeitgleich zum Niedergeschwindigkeitswindkanal auch ein Hochgeschwindigkeitswindkanal installiert, der ebenfalls 1958 in Betrieb genommen werden konnte. Für die Konstruktion dieses Hochgeschwindigkeitskanals konnten die Flugzeugwerke Dresden ebenfalls eine Reihe von erfahrenen ehemaligen Mitarbeitern der Firma Junkers aus Dessau unter der Leitung von Strauss einsetzen, die bereits während des Zweiten Weltkriegs im Bereich der Hochgeschwindigkeitsforschung gearbeitet hatten.

Beim Dresdner Hochgeschwindigkeitskanal wählten die Ingenieure für die Röhre eine komplette Stahl-Schweißkonstruktion, die im Betrieb MAB-Schkeuditz gefertigt wurde. Dieser Betrieb war damals ein Bestandteil der Luftfahrtindustrie der DDR. Da der Windkanal möglichst zügig fertiggestellt werden sollte, musste man auf bereits vorhandene Materialien und bewährte Konstruktionsteile zurückgreifen, sodass als Antrieb kein klassischer Windkanalantrieb mittels Propeller in Frage kam. Man setzte hingegen auf eine damals ungewöhnlichere Antriebsquelle, die in späterer Zeit aber auch Nachahmer fand. Das von einem Diffusor ummantelte Axial-TL Ljulka AL 5 mit Parallel-Ejektor aus sowjetischer Produktion lieferte einen Standschub von 49,1 kN. Erstmalig hatte Strauss mit seinem Team 1946/47 in der Sowjetunion eine derartige Anlage projektiert, gebaut und erfolgreich betrieben. Einige Zeit später wurden sowohl in Schweden als auch in England einige Windkanäle mit Flugzeugturbinen zum Antrieb solcherart Windkanäle verwendet.

TL-Triebwerk Ljulka als Antrieb für den HK im Dresdner Flugzeugwerk.

Das TL wirkte hier wie ein Kompressor, der sozusagen den Luftstrom durch die Messstrecke saugt. Über einen Wärmetauscher lässt sich die hohe Wärmeenergie des TL-Strahles beispielsweise für Heizzwecke außerhalb der Anlage nutzen. Rund 17 % dieser Energie verbrauchte die Anlage über einen halboffenen vertikalen Kreislauf selbst. Am Enddiffusor mit 8° Kegelwinkel erfasste eine Auffanghutze diese „Restmenge“ und leitete sie über einen unterirdischen Kanal in die Mischkammer.

Über dort senkrecht fixierte nach hinten offene Hohlprofile gelangte sie in die angesaugte Frischluftmenge. Gemessen wurde ebenfalls mit einer ölhydraulischen Sechs-Komponentenwaage mit optischer Anzeige und manueller Registrierung. Die rechteckige Messstrecke des Hochgeschwindigkeitskanals der Flugzeugwerke Dresden hatte eine Länge von 0,94 m und war als halboffene Messkammer konzipiert. In ihr konnten sowohl Gesamt- als auch Teilmodelle von Flugzeugen untersucht werden.

Auffanghutze für die Wärmerestmenge des HK.

Das bekannteste Flugzeug des DDR-Flugzeugbaus, das im Modellstadium in den beiden Windkanälen der Flugzeugwerke Dresden untersucht wurde, war die unter Generalkonstrukteur Brunolf Baade entwickelte „152“, ein ziviles Passagierflugzeug mit Strahlantrieb, das seinen Erstflug am 4. Dezember 1958 absolvierte.

Blick auf die Messkammer des HK.

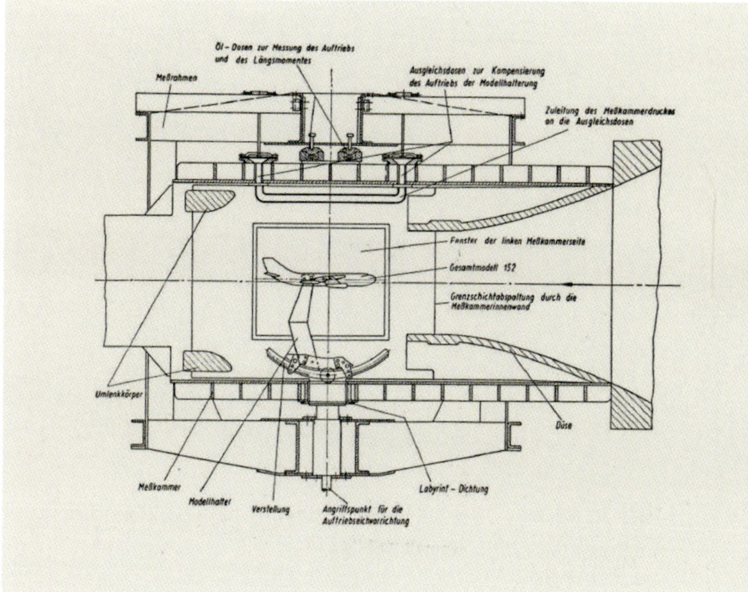

Längsschnitt der Messkammer des HK.

Die „Baade 152“, so die inoffizielle Bezeichnung, kam jedoch aufgrund zahlreicher technischer Probleme, die zu einer zeitlichen Verzögerung der Weiterentwicklung führten, trotz beginnender Serienfertigung über den Prototypenstatus nicht hinaus. Zwar hatte die Sowjetunion zunächst angekündigt, rund 100 Maschinen dieses Typs erwerben zu wollen, doch durch den zeitlichen Verzug orientierte sie sich um und verkündete Ende 1959, dass sie der DDR keine Flugzeuge dieses Typs abkaufen werde. Auch zerschlugen sich alle Bemühungen des DDR-Außenhandels, das Flugzeug international zu vermarkten. Durch fehlende Käufer war es daher nicht möglich, die DDR-Luftfahrtindustrie weiter aufrecht zu erhalten. Das Politbüro des Zentralkomitees der SED beschloss daraufhin auf seiner Sitzung am 28. Februar 1961 im Tagesordnungspunkt 12 (von 16 Punkten) die Auflösung der staatseigenen Luftfahrtindustrie. Dies geschah trotz des Erfolgs des in Lizenz in Serie gefertigten und modernisierten Passagierflugzeuges Iljushin IL-14 P, eines Nachbaus der sowjetischen IL-14. Die IL-14 P wurde in mehrere Länder exportiert, unter anderem auch in die Volksrepublik China. Während die Fertigung der 152 nicht realisiert werden

Blick in die Messkammer des HK mit dem Modell des Strahlverkehrsflugzeuges „152“.

MAB Schkeuditz – Bauteil für einen der an China zu liefernden Hochgeschwindigkeitswindkanäle.

konnte, interessierte sich die Volksrepublik China 1958 für die in Dresden errichteten Windkanäle und bestellte zwei Hochgeschwindigkeits- und einen Niedergeschwindigkeitswindkanal nach dem Vorbild der Anlagen in Dresden. Diese wurden 1957/58 geliefert und mit Hilfe Dresdner Experten in China aufgebaut.

Die Fertigung der Hochgeschwindigkeitskanäle erfolgte im Flugzeugbaubetrieb Maschinen- und Apparatebau Schkeuditz (MAB), dem späteren größten Betrieb für Luft- und Kältetechnik der DDR. Im März 1959 wurden sie im Institut 701, dem dritten Design- und Forschungsinstitut der chinesischen Luftfahrtindustrie in Changsha in der Provinz Hunan, installiert. Nach dem Aus für die DDR-Luftfahrtindustrie im Jahr 1961 wurde aus den VEB Flugzeugwerken Dresden der VEB Flugzeugwerft als Rechtsnachfolger gegründet, 1990 umgewandelt in die Flugzeugwerft Dresden GmbH und danach in die Elbe Flugzeugwerke GmbH, die seitdem mit großem Erfolg im Geschäft ist. Prof. Baade gründete 1961 aus dem betrieblichen Forschungszentrum das „Institut für Leichtbau und ökonomische Verwendung von Werkstoffen" (IfL), das er als Direktor bis zu seinem Tode 1969 leitete. Die aerodynamischen Einrichtungen der Luftfahrtindustrie gehörten diesem Institut, das bis 1990 wirksam Leichtbauprinzipien in der DDR-Industrie durchsetzen konnte. Nach 1990 entstand aus dem IfL die IMA Dresden (Institut für Materialforschung und Anwendungstechnik GmbH), die bis heute erfolgreich agiert. Die Diplom-Ingenieure Gudrun Arnold, Wolfgang Schmidt und Uwe Schönlebe gründeten nach 1990 die Windkanal Dresden-Klotzsche GbR und betrieben mehrere Jahre den Niedergeschwindigkeitswindkanal. Heute ist die Anlage nicht mehr funktionsfähig.

Die Zukunft der Windkanäle

Wie die Ausführungen in dieser Publikation zeigen konnten, hat sich die Funktionsweise von Windkanälen in den letzten hundert Jahren nicht geändert. Die beiden Systeme Eiffel und Göttinger Bauart existieren nebeneinander und sind beide wertvolle Instrumente der Forschung. Je nach Versuchsanforderung stehen weltweit unterschiedlichste Ausführungen der beiden genannten Systeme zur Verfügung. Was sich im Laufe der Jahrzehnte jedoch stark verändert hat, sind die technischen Messgeräte, die in Windkanälen zum Einsatz kommen, und damit einhergehend auch die Messmethoden und die Möglichkeiten zur Sichtbarmachung von Strömungserscheinungen. Während früher Drei- und Sechs-Komponentenwaagen noch mit Gewichten austariert und einzeln abgelesen werden mussten, erfolgt die Aufzeichnung der Messdaten und die Speicherung heute digital. Die Auswertung von Messergebnissen obliegt auch nicht mehr sogenannten technischen Rechnerinnen und Rechnern, die in mühevoller Kleinarbeit komplexe Gleichungen lösen mussten, sondern wird heute von Hochleistungscomputern übernommen. Auch die Möglichkeiten zur Sichtbarmachung von Strömungen sind heute wesentlich besser als noch vor wenigen Jahrzehnten. In der Vergangenheit wurde die Strömung häufig durch Rauch sichtbar gemacht, der in die Messstrecke eingeleitet wurde, oder durch kleine Wollfäden, die an den Windkanalmodellen einseitig befestigt wurden. Heute nutzt man zur Sichtbarmachung der Strömung vornehmlich hochmoderne Lasertechnik. Um Drücke an Windkanalmodellen optisch sichtbar zu machen, können die Modelle heute sogar mit einer speziellen Farbe versehen werden, die in Fachkreisen als Pressure Sensitive Paint (PSP) bekannt ist. Das Windkanalmodell kann dann zum Beispiel mit UV-Licht angestrahlt werden. Die Intensität des *lumineszierenden* Lichts hängt von der lokalen Sauerstoffkonzentration ab und lässt somit Rückschlüsse auf die Druckverteilung an Flügelprofilen zu.

Auf den Einsatz von Windkanälen wird man auch in Zukunft nicht verzichten können. Zwar versucht man schon seit Jahrzehnten Rechenverfahren zu entwickeln, um die aerodynamischen Eigenschaften von Flügelprofilen zu ermitteln, doch sind die Berechnungen über die sogenannte konforme Abbildung noch nicht genau genug, um darüber die tatsächlichen aerodynamischen Qualitäten eines neuen Flugzeugtyps zu bestimmen. Die Aerodynamik ist ein überaus komplexes Forschungsgebiet, sodass bisher noch nicht alle Parameter rechnerisch bestimmt werden können und Windkanalversuche daher unabdingbar sind. Selbst die Rechenkapazität moderner Hochleistungscomputer reicht derzeit noch nicht aus, um den Windkanal als Versuchseinrichtung zu verdrängen. Daher werden Windkanäle auch in Zukunft weiterhin eine wichtige Rolle in der Luft- und Raumfahrtforschung und in anderen Bereichen spielen und uns als Versuchseinrichtungen und Bauwerke noch eine lange Zeit erhalten bleiben.

Einfache Versuchsanordnung im Nachbau des Focke-Windkanals von 1960 durch den Förderverein in Bremen.

Hyperschallwindkanal H2K des DLR in Köln mit dem Modell einer Vega-Trägerrakete. ▼

Die Autoren danken für die Unterstützung

Jochen Bender, Stadtarchiv Ostfildern
Dipl.-Ing. Andreas Dietrich, Elbe-Flugzeugwerke GmbH, Dresden
Dr. Kurt Graichen, Berlin
Dipl.-Ing. Helmut Hammer, TH Mittweida
Dipl.-Ing. Werner Heinzerling, München (†)
Dr.-Ing. Klaus Hufnagel, TU Darmstadt
Prof. a. D. Dr.-Ing. Dietrich Hummel, TU Braunschweig
Gerhard Kahr, DSI Holding GmbH, München
Dipl.-oec. Klaus-Peter Kosanke, Berlin.
Regionalmuseum Bad Frankenhausen
Dipl.-Ing. Frank Lauterbach, Berlin
Holger Lorenz, Dresden
Adi Meierkord, Dokumentation Amberg-Stollen, Oetz (A)
Christof Mergl, Archiv TIWAG, Innsbruck (A)
Prof. Dr.-Ing. habil. Markus Raffel, DLR Göttingen
Dr.-Ing. Peter Scholz, TU Braunschweig
Dipl.-Ing Andreas Schütz, DLR Köln
Dipl.-Ing. oec. Karl-Dieter Seifert, Chemnitz
Dr.-Ing. Kai Steffen, Förderverein Focke-Windkanal e. V., Bremen
Dipl.-Ing. Martin Stenger, TU Darmstadt
Dipl.-Ing. Jochen Werner, Dresden (†)
Hans-Ulrich Willbold, Airbus SE
Carolin Zeller, TH Mittweida

Besonderer Dank gilt Airbus Operations GmbH und Elbe Flugzeugwerke GmbH für die freundliche Unterstützung.

Abkürzungsverzeichnis

AEDC	Arnold Engineering Development Center
Ago/AGO	Aviatiker Gustav Otto Flugzeugwerke GmbH
AVA	Aerodynamische Versuchsanstalt
BBC	Brown, Boverie & Cie.
BIOS	British Intelligence Objectives Sub-Commitee
DFG	Deutsche Forschungsgemeinschaft
DFL	Deutsche Forschungsanstalt für Luftfahrt
DFS	Deutsche Forschungsanstalt für Segelflug
DFVLR	Deutsche Forschungs- und Versuchsanstalt für Luft- und Raumfahrt
DLR	Deutsches Zentrum für Luft- und Raumfahrt
DNW	Deutsch-Niederländische Windkanäle
DVL	Deutsche Versuchsanstalt für Luftfahrt
Dywidag	Dyckerhoff & Widmann Aktiengesellschaft
ETW	Europäischer Transsonischer Windkanal
EWG	Europäische Wirtschaftsgemeinschaft
FGZ	Forschungsanstalt Graf Zeppelin
FIAT	Field Information Agency, Technical
FIST	Flugtechnisches Institut Stuttgart
FKFS	Forschungsinstitut für Kraftfahrwesen und Fahrzeugmotoren Stuttgart
HVA	Heeres-Versuchsanstalt
KWI	Kaiser-Wilhelm-Institut
KWG	Kaiser-Wilhelm-Gesellschaft
LFA	Luftfahrt-Forschungsanstalt
LFG	Luft-Fahrzeug-Gesellschaft mbH
LFM	Luftfahrtforschungsanstalt München
LLF	Large Low-speed Facility
LVG	Luft-Verkehrs-Gesellschaft A.G.
MAN	Maschinenfabrik Augsburg-Nürnberg
MUB	Modell-Unterschallwindkanal
MVA	Modellversuchsanstalt
NASA	National Aeronautics and Space Administration
NACA	National Advisory Committee for Aeronautics
NLL	Nationaal Luchtvaartlaboratorium
NOL	Naval Ordnance Laboratory
NPL	National Physical Laboratory Teddington
NSDAP	Nationalsozialistische Deutsche Arbeiterpartei
ONERA	Office National d`études et de recherches aérospatiales
RAE	Royal Aircraft Establishment
RLM	Reichsluftfahrtministerium
RRG	Rhön-Rossitten-Gesellschaft
PTL	Propeller-Turbinen-Luftstrahltriebwerk
TA	Technisches Amt (des RLM)
TH	Technische Hochschule
TIWAG	Tiroler Wasserkraft AG
TL	Turbinen-Luftstrahltriebwerk
TU	Technische Universität
TWG	Transsonischer Windkanal Göttingen
USAAF	United States Army Air Force
WTK	Westtiroler Kraftwerke
WVHA	Wirtschafts-Verwaltungshauptamt (der SS)

Quellen- und Literaturverzeichnis

1. Allgemein

Aerodynamische Versuchsanstalt in der Max-Planck-Gesellschaft (Hrsg.): Die Aerodynamische Versuchsanstalt Göttingen von 1945 bis 1969. Max-Planck-Gesellschaft – Dokumentationsstelle, Göttingen 1969

Arbeitskreis Braunschweiger Luftfahrtgeschichte e.V. (Hrsg.): Braunschweigische Luftfahrtgeschichte. Appelhans Verlag, Braunschweig 2010

Bendemann, F. (Hrsg.), Jahrbuch der Deutschen Versuchsanstalt für Luftfahrt: Erster Band 1912–1913. Verlag von Georg Stilke, Berlin 1914

Bender, Jochen: Geschichte des Scharnhauser Parks 1783–2004. Stadt Ostfildern (Hrsg.). Schwabenverlag mediagmbh, Ostfildern 2004

Betz, A.; Brämer, J.; Georgii, W.; Dieckmann, M.; Blenk, H.: Beiträge zur Geschichte der Deutschen Luftfahrtwissenschaft und Technik. Deutsche Akademie der Luftfahrtforschung. Reichsdruckerei, Berlin 1941

Bode, Volkhard; Kaiser, Gerhard: Raketenspuren – Peenemünde 1936–2000. Ch. Links Verlag, Berlin 2002

Bölkow, Ludwig (Hrsg.): Ein Jahrhundert Flugzeuge. VDI-Verlag GmbH, Düsseldorf 1990

Brämer, J.: 25 Jahre DVL 1912–1937: Werdegang der Deutschen Versuchsanstalt für Luftfahrt e. V. Berlin-Adlershof. Otto Elsner, Berlin 1937

Brenner, Hermann; Deutschmann, Werner: Die Neubauten der Deutschen Versuchsanstalt für Luftfahrt e. V. in Berlin-Adlershof, in: Moderne Bauformen, Heft 10, Julius-Hoffmann-Verlag Stuttgart, Oktober 1936, S. 537–568

Budraß, Lutz: Flugzeugindustrie und Luftrüstung in Deutschland 1918–1945. Droste Verlag, Düsseldorf 1998

Culick, Fred E. C.; Dunmore, Spencer: Den Himmel stürmen – Die Gebrüder Wright und der Wettlauf um den ersten Motorflug. Madison Press für Collection Rolf Heyne, München 2001

Deutsche Versuchsanstalt für Luft- und Raumfahrt (Hrsg.): Beiträge zur Geschichte der Deutschen Versuchsanstalt für Luft- und Raumfahrt e. V. 1912–1962: Festschrift aus Anlass des 50jährigen Bestehens der DVL im April 1962. Vereinigte Universitäts- und Fachbuchhandlungen, Köln 1962

Dornberger, Walter: Peenemünde – Die Geschichte der V-Waffen. Ullstein Taschenbuch. Bechtle Verlag, Esslingen 1981

Deutsch-Niederländischer Windkanal (Hrsg.): Construction 1976–1980, Design Manufacturing, Calibration of the German-Dutch Windtunnel (DNW). Hans Oeding Verlag, Braunschweig 1982

Ebbinghaus, Angelika; Dörner, Klaus (Hgg.): Vernichten und Heilen – Der Nürnberger Ärzteprozeß und seine Folgen. Aufbau Taschenbuch Verlag GmbH, Berlin 2002

Eckardt, D.: Der 1 x 1 M Hyperschall-Windkanal in Kochel/Tullahoma 1940–1960. Deutscher Luft- und Raumfahrtkongress 2014, DocumentID: 340001

Eckstein, Ursula: August-Euler-Flugplatz Darmstadt – Der Griesheimer Sand. Experimentierfeld für viele Flugpioniere. Justus-von-Liebig-Verlag, Darmstadt 2008

Elsenaar, Bram: Onder de vleugels van Goettingen – Het Nationaal Luchtvaartlaboratorium in de Tweede Wereldoolog. Uitgeverij Aspekt, Soesterberg 2020

Everling, O.: Warum Windkanäle?, in: VLI Dresden (Hrsg.): Deutsche Flugtechnik; 1. Jg., Heft 1, Mai 1957; S. 6–8

Ewald, B.: Windkanal-Handbuch. Technische Hochschule Darmstadt, o. J.

Göller, Andreas; Holtmann, Annegret (Hrsg.): Ein Jahrhundert Luftfahrtgeschichte zwischen Tradition, Forschung und Landschaftspflege – Der August-Euler-Flugplatz in Darmstadt-Griesheim. Wissenschaftliche Buchgesellschaft WBG, Darmstadt 2008

Graichen, Kurt; Heinzerling, Werner; Seifert, Karl-Dieter; Ahlbrecht, Bernd-Rüdiger: Technische Denkmale der Luftfahrtforschung in Berlin-Adlershof. GBSL-Schriftenreihe zur Luftfahrtgeschichte Heft 3; 4. ergänzte Auflage, Berlin 2016

Heinrich, H.: Bericht über die Arbeiten der Aerodynamischen Abteilung der Forschungsanstalt Graf Zeppelin. Manuskript Maschinenschrift, o. D.

Heinzerling, Werner; Trischler, Helmuth (Hrsg.): Otto Lilienthal – Flugpionier Ingenieur Unternehmer. Deutsches Museum, München 1991

Hirschel, Ernst Heinrich; Prem, Horst, Madelung, Gero: Luftfahrtforschung in Deutschland, Reihe Die deutsche Luftfahrt Bd. 30. Bernard & Graefe Verlag, Bonn 2001

Holzer, Hans: Die Gebrüder Wright und der Beginn des Motorfluges. Deutsches Museum, München 2004

Hummel, Dietrich: Das Institut für Strömungsmechanik der TU Braunschweig: Ein Beitrag zur Braunschweiger Luftfahrtgeschichte 1900–1978. Appelhans Verlag, Braunschweig 2005

Jikeli jun., Günther; Werner, Frederic (Hrsg.): Raketen und Zwangsarbeit in Peenemünde – Die Verantwortung der Erinnerung. Konferenzband. Friedrich-Ebert-Stiftung, Schwerin 2014

Kramer, M.: Der 5 x 7 m Windkanal der DVL, in: Luftfahrtforschung Band 12, S. 181–187

Kränzle, Theo: Zusammenstellung der deutschen Windkanäle (Vertraulich). DVL, 1. April 1938

Kermode, A. C.: Aerodynamik und Flugverhalten. Motorbuch Verlag, Stuttgart 1992

Lilienthal, Otto: Der Vogelflug als Grundlage der Fliegekunst, Zweite vermehrte Auflage. Verlag von R. Oldenbourg, München und Berlin 1910

Maschinen- und Apparatebau Schkeuditz (MAB): Werftreporter. Schkeuditz 14.10.1957

Meier, Hans-Ulrich: Die Pfeilflügelentwicklung in Deutschland bis 1945. Reihe Die deutsche Luftfahrt, Bd. 33, Bernard & Graefe Verlag, Bonn 2006

Meier, H. U. und Meyer, E.: Die Bedeutung der Windkanäle für die Luftfahrtforschung in Deutschland, DLR-Bericht IB-223/98/A/23, Göttingen 1998

Meyer, E.: Windkanäle in Deutschland von Ludwig Prandtl bis heute. Studienarbeit. TU Clausthal, 1998

Prandtl, Ludwig (Hrsg.): Ergebnisse der Aerodynamischen Versuchsanstalt zu Göttingen. IV. Lieferung. Verlag von R. Oldenbourg, München und Berlin 1932

Prandtl, Ludwig (Hrsg.): Ergebnisse der Aerodynamischen Versuchsanstalt zu Göttingen. II. Lieferung. Verlag von R. Oldenbourg, München 1925

Prandtl, Ludwig (Hrsg.): Ergebnisse der Aerodynamischen Versuchsanstalt zu Göttingen. I. Lieferung. Verlag von R. Oldenbourg, München - Berlin 1935

Rehberger, Georg: Wissen aus Dachau – Unterdruckversuche am Menschen im KZ Dachau und ihr wissenschaftliches Erbe. Institut für Geschichte und Ethik der Medizin. Technische Universität München. Magisterarbeit, München 2010 (Manuskript)

Reinhold-Postina, Eva: Fliegerei und Luftfahrt in Darmstadt, in: Magistrat der Stadt Darmstadt (Hrsg.), Denkmalschutz in Darmstadt: Beiträge zum Denkmalschutz in Darmstadt, Magistrat der Stadt Darmstadt, Denkmalschutz – Kulturamt, Heft 3, Darmstadt 1993

Ruff, Siegfried; Ruck, Martin; Sedlmayr, Gerhard: Sicherheit und Rettung in der Luftfahrt. Reihe Die deutsche Luftfahrt Bd. 13. Bernard & Graefe Verlag, Koblenz 1989

Ruff, Siegfried: Entwicklung und Bau von Schleudersitzen in Deutschland 1938–1945. DFVLR Bericht FB-81/04. DFVLR Institut für Flugmedizin, Bonn-Bad Godesberg, 1981

Schmaltz, Florian: Luftfahrtforschung auf Expansionskurs – Die Aerodynamische Versuchsanstalt in den besetzten Gebieten in: Ressourcenmobilisierung – Wissenschaftspolitik und Forschungspraxis im NS-Herrschaftssystem in: Flachowsky, Sören; Hachtmann, Rüdiger; Schmaltz, Florian (Hgg.), Wallstein Verlag, Göttingen 2016

Schwipps, Werner: Die Brüder Wright und ihre Flugzeuge in Deutschland. Verlag Reinhard Thon, Otto-Lilienthal-Museum Anklam, 1998

Seifert, Karl-Dieter; Waßermann, Dr. Michael: Otto Lilienthal – Leben und Werk. Eine Biographie. Urban-Verlag, Hamburg 1992

Strauss, Kuno: Die Aerodynamischen Laboratorien der Dresdner Flugzeugwerke; in: Jahrbuch der Luftfahrtforschung der DDR 1959, S. 92–100

Strauss, Kuno: Windkanäle als Arbeitsmittel für die Flugzeugentwicklung, Vortragsreihe der Kammer der Technik, Vortrag Nr. 11, Forschungszentrum der Luftfahrtindustrie, Zentralstelle für Literatur und Lehrmittel, Dresden 1959

Stüwe, Botho: Peenemünde West. Die Erprobungsstelle der Luftwaffe für geheime Fernlenkwaffen und deren Entwicklungsgeschichte. Weltbild Verlag GmbH, Augsburg 1998

Teichmann, Horst: Die Sehnsucht zu fliegen. Zur Geschichte der Luftfahrt in Südwest-Sachsen. Vogtland-Verlag, Plauen-Jößnitz 2004

Thiel, Ernstfried: Von Ötztal nach Modane – Aus der Geschichte des Großen Hochgeschwindigkeits-Windkanals „Bauvorhaben 101" der Luftfahrtforschungsanstalt München (LFM), später Anlage S1MA der ONERA. Vortrag zur Sitzung der DGLR-Fachgruppe 12 im Rahmen der DGLR-Jahrestagung in München. 10. Oktober 1986

Tollmien, Cordula: Das Kaiser-Wilhelm-Institut für Strömungsforschung, verbunden mit der Aerodynamischen Versuchsanstalt, in: Becker, Heinrich (Hrsg.): Die Universität Göttingen unter dem Nationalsozialismus. Saur, München, London, New York, Oxford, Paris, 1998, S. 684–708

Triesch, Klaus; Krohn, Ernst-Otto: Die Vertikale Meßstrecke (VKM) der DFVLR in Köln-Porz (Stand 1986). DFVLR-Mitt. 86-22, Köln 1986

Trischler, Helmuth: Luft- und Raumfahrtforschung in Deutschland 1900–1970 – Politische Geschichte einer Wissenschaft. Campus-Verlag, Frankfurt/Main; New York 1992

Trischler, Helmuth; Schrogl, Kai-Uwe (Hrsg.): Ein Jahrhundert im Flug – Luft- und Raumfahrtforschung in Deutschland 1907–2007. Campus Verlag, Frankfurt/New York 2007

Tsien, H. A. u. a.: Technical Intelligence Supplement – A report prepared of the AAF Scientific Advisory Group, Headquarters Air Materiel Command, Publications Branch, Intelligence T-2, Wright Field, Dayton, Ohio, May 1946

Wegener, P. P.: The Peenemünde Windtunnels – A Memoir. Yale University Press, New Haven and London 1996, 2008

Wolf, Martin: Im Zwang für das Reich: Das Außenlager des KZ Dachau in Ottobrunn. München 2007

Wuest, Walter: Sie zähmten den Sturm. 75 Jahre Aerodynamische Versuchsanstalt Göttingen. Göttinger Tageblatt, Göttingen 1982

2. Strömungsmechanische Grundlagen

Albring, Werner: Angewandte Strömungslehre. Verlag Theodor Steinkopff, Dresden 1966

Bohl, Willi: Technische Strömungslehre; 9. durchgesehene Auflage. Vogel-Buchverlag, Würzburg 1991

Braune, Fritz G.: Hochgeschwindigkeitsflug; ABC des Fliegens Band 14, Verlag Sport und Technik, Neuenhagen bei Berlin 1960

Naue, Gert: Einführung in die Strömungsmechanik. Lehrbrief der TH für Chemie „Carl Schorlemmer" Leuna-Merseburg, Merseburg 1967

Naue, Gert u. a.: Technische Strömungsmechanik I, in: Reihe Verfahrenstechnik der TH „Carl Schorlemmer" Leuna-Merseburg, Deutscher Verlag für Grundstoffindustrie. Leipzig 1975

Naue, Gert u. a.: Technische Strömungsmechanik II, in: Reihe Verfahrenstechnik der TH „Carl Schorlemmer" Leuna-Merseburg. Deutscher Verlag für Grundstoffindustrie, Leipzig 1978

3. Primärquellen

Freiburg: Bundesarchiv/Militärarchiv:

- RL 39/869, Deutsche Luftfahrtforschung – Untersuchungen und Mitteilungen Nr. 750. Stand Sommer 1943 (Geheim!), TH Berlin

Göttingen, Deutsches Zentrum für Luft- und Raumfahrt (DLR), Zentrales Archiv:

- AK-408
- AK-564
- AK-7083

Koblenz, Bundesarchiv:

- J IV 2/2/A-805, Protokoll Nr. 10/61 der Sitzung des Politbüros des ZK der SED vom 28.02.1961 und des Berichtes der Staatlichen Plankommission der DDR (SPK) zur Lage und der weiteren Maßnahmen in der Luftfahrtindustrie
- J IV 2/2/A-805, Vorlage für das Politbüro (VVS B 5/4 - 5/61 vom 3. Januar 1961)

Bildnachweis

Archiv Aeronauticum Nordholz: S. 12 li.;
Archiv Airbus/EFW: S. 44/45; S. 50; S. 145; S. 146; S. 147 o. li., o. re. und u.; S. 148 o.; S. 149 o. und u.; S. 150/151; S. 151 re.;
Archiv Deutsches Zentrum für Luft- und Raumfahrt: Vorsatz; S. 2; S. 9; S. 17 li.; S. 19; S. 21 o. und u.; S. 22; S. 23; S. 25 o. re. und Mitte; S. 27 o.; S. 28 u.; S. 35 li. und re.; S. 36 o. und u.; S. 37; S. 38/39; S. 39 re.; S. 40; S. 41; S. 42; S. 43 o.li. Und o. re. und u.; S. 55; S. 56 o.; S. 59 o. li. und u. li.; S. 59 re.; S. 61; S. 62; S. 64/65; S. 66; S. 67; S. 68 o. li. und u. li.; S. 68 re.; S. 69 o. und u.; S. 70 li. und re.; S. 71 o. und u.; S. 72 li. und re.; S. 73; S. 74 o. und u.; S. 75; S. 76 o. und u.; S. 77; S. 87; S. 79 o. und u.; S. 87; S. 91 o. und u.; S. 93; S. 94 li. und o. re.; S. 100 o. und u.; S. 106 u. re.; S. 118 u.; S. 119; S. 121 li.; S. 122/123; S. 124 li.; S. 126/127; S. 129; S. 131; S. 134; S. 135; S. 136 o. und u.; S. 137; S. 138; S. 140; S. 142; Nachsatz;
Archiv DYWIDAG-Systems International GmbH (DSI Holding), München: S. 54 re.; S. 57 re.; S. 85;
Archiv GBSL: S. 12 re.; S. 14/15; S. 24 o. li.; S.26; S. 27 u.; S. 34 u. (bearb. Kosanke); S. 46; S. 54 o. li.; S. 82; S. 83 o. und u.; S. 84; S. 86 o.; S. 88; S. 89 o. und u.; S. 90 (bearb. Kosanke); S. 98 re.; S. 99 u.; S. 106 o. re.; S. 107;
Archiv KZ-Gedenkstätte Mittelbau-Dora: S. 30 o. und u.;
Archiv NASA: S. 80 li.;
Archiv Regionalmuseum Bad Frankenhausen: S. 113; S. 114 o. und u.;
Bundesarchiv: S. 118 o. (183-L21649);
Archiv RAF/IWM: S. 105;
Archiv US Air Force: S. 101 u.;
Archiv US Army: S. 101 li.;
Archiv US Navy: S. 104;
Archiv USGS: S. 105;
Archiv VFW-ERNO: S. 132/133;
Otto-Lilienthal-Museum Anklam: S. 18;
Sammlung Ahlbrecht: S. 10/11; S. 20 li.; S. 63; S. 102/103; S. 124/125;
Sammlung Deutschmann: S. 51 o. li., o. re., u. li. und u. re.; S. 54 u. li.;
Sammlung Hummel: S. 111 o. und u.; S. 112;
Sammlung Lorenz: S. 148 u.;
Sammlung Raffel: S. 139;
Sammlung Stenger: S. 99 o.;
Sammlung Tack: S. 144 u.; S. 152;
Sammlung Unger: S. 143;
Sammlung Werner: S. 144 o.;
Stadtarchiv Darmstadt: S. 109;
Stadtarchiv Ostfildern: S. 95 o. und u.; S. 96 li. und re.; S. 97 o. und u.; S. 98 li.;
Technische Hochschule Mittweida: S. 115 o. und u.; S. 116;
Technische Universität Braunschweig: S. 33 u.; S. 80 re.; S. 110; S. 141 l. und re.;
Technische Universität Darmstadt: S. 108 o. li.und re.; S. 108 u.;
Technikmuseum „Hugo Junkers“ Dessau: S. 25 u. und re.; S. 106 li.; S. 117;
Wikipedia/Wikimedia Gemeinfrei: S. 11 o und u.; S. 13 li., Mitte und re.; S. 17 re.; S. 24 u. li. und re.; S. 81; S. 280; S. 94 (Tiia Monto, CC BY-SA 3.0); S. 98 Mitte; S. 121 re.; S. 128 o. und u.;
WISTA Adlershof: S. 33 o.; S. 34 o.; S. 48 u. re.; S. 52/53; S. 56 u.; S. 86 u.;
Zentralarchiv TIWAG Innsbruck: S. 92.

Barbara Waibel
LZ 129 Hindenburg
Faszination Zeppelin

978-3-95400-694-6 | 14,99 €

Ulrich Eisenbach
Die Anfänge der Luftfahrt in Frankfurt am Main
Der Flug- und Luftschiffhafen Rhein-Main in historischen Fotografien

978-3-96303-337-7 | 29,99 €